计算平台可信启动与运行研究

李晶　刘芬　黄杰　等　编著

科学技术文献出版社
SCIENTIFIC AND TECHNICAL DOCUMENTATION PRESS
·北京·

图书在版编目（CIP）数据

计算平台可信启动与运行研究 / 李晶等编著. —北京：科学技术文献出版社，2019.3（2021.4重印）
ISBN 978-7-5189-5228-1

Ⅰ.①计… Ⅱ.①李… Ⅲ.①计算机网络—网络安全—研究 Ⅳ.①TP393.08

中国版本图书馆 CIP 数据核字（2019）第 026152 号

计算平台可信启动与运行研究

策划编辑：孙江莉　　责任编辑：赵　斌　　责任校对：文　浩　　责任出版：张志平

出 版 者　科学技术文献出版社
地　　址　北京市复兴路15号　邮编 100038
编 务 部　(010) 58882938，58882087（传真）
发 行 部　(010) 58882868，58882870（传真）
邮 购 部　(010) 58882873
官方网址　www.stdp.com.cn
发 行 者　科学技术文献出版社发行　全国各地新华书店经销
印 刷 者　北京虎彩文化传播有限公司
版　　次　2019 年 3 月第 1 版　2021 年 4 月第 3 次印刷
开　　本　710×1000　1/16
字　　数　119千
印　　张　7.75
书　　号　ISBN 978-7-5189-5228-1
定　　价　48.00元

《计算平台可信启动与运行研究》编著人员

主编人员

李　晶　国网湖北省电力有限公司

刘　芬　国网湖北省电力有限公司信息通信公司

黄　杰　国网湖北省电力有限公司

编著人员

刘　芬　国网湖北省电力有限公司信息通信公司

李　晶　国网湖北省电力有限公司

黄　杰　国网湖北省电力有限公司

朱小军　国网湖北省电力有限公司信息通信公司

查志勇　国网湖北省电力有限公司信息通信公司

余　铮　国网湖北省电力有限公司信息通信公司

徐静进　国网湖北省电力有限公司信息通信公司

廖荣涛　国网湖北省电力有限公司信息通信公司

冯　浩　国网湖北省电力有限公司信息通信公司

王逸兮　国网湖北省电力有限公司信息通信公司

徐　焕　国网湖北省电力有限公司信息通信公司

詹　伟　国网湖北省电力有限公司信息通信公司

龙　霏　国网湖北省电力有限公司信息通信公司

代荡荡　国网湖北省电力有限公司信息通信公司

王敬靖　国网湖北省电力有限公司信息通信公司

谢　俊　国家电网公司华中分部

前言

21世纪是信息的时代，信息已经成为一种重要的战略资源。信息的获取、处理和安全保障能力已经成为一个国家综合国力的重要组成部分，信息安全事关国家安全，事关社会稳定与经济发展。尽管信息技术和产业高速发展，呈现空前繁荣的景象，但是危害信息安全的事件不断发生，如近年来出现的因网络攻击导致的乌克兰停电、委内瑞拉停电等国家安全事件，可见，当前信息安全形势相当严峻。可信计算技术从终端底层采取安全措施，确保终端安全和可信，从主动防御和源头控制的角度提供了一种提高信息系统安全的重要方法。

目前，可信计算领域的研究已经取得了非常丰富的成果，国内外的许多研究机构与学者都对可信计算的理论与技术进行了深入的研究。通过这些研究，可信计算机制能够大幅提高信息系统的安全性，但其自身仍然存在一些局限性，一些关键问题也迫切需要解决。如何解决可信计算领域的关键理论与技术问题，使得可信计算能够进一步走向实用，是一个重要课题。本书围绕计算平台可信启动及运行的若干理论与技术展开研究，主要包括可信平台模块、信任链与可信启动、为安全敏感软件构建可信环境等方面。

针对传统可信平台模块TPM存在的问题，如缺乏主动控制能力、可信度量根RTM处于TPM之外容易遭受攻击、缺乏对称密码引擎等，设计了扩展可信平台模块ETPM。ETPM与传统TPM相

比，更适合移动计算平台，具备安全性高、主动控制能力强、密码配置丰富及能够有效提高所在可信计算平台可靠性的特点。

针对现有计算平台信任扩展和可信启动过程中信任链的不足之处，如信任链路径较长可能产生损失，信任链的维护麻烦、灵活性低，CRTM 存储在 TPM 之外容易受到恶意攻击等，结合 ETPM 提出了具有数据恢复能力的星型信任模型。该模型信任链路径短，信任在传递过程中的损失小；可扩展性强，利于部件的增加、删除和更新；CRTM 处于 ETPM 内，安全性高。除此之外，还能够基于星型信任模型在 ETPM 的控制下完成具有系统自动恢复的计算平台可信启动。

针对可信计算平台运行过程中特殊安全敏感软件的保护问题，结合本书所述 ETPM、星型信任链等计算平台可信启动与运行的关键技术，提出一种面向安全敏感软件的可信环境构建方法。该方法从目标软件的加载、运行和存储等多个方面构建软件的可信环境。实验与分析证明，该方法能够有效保护安全敏感软件的加载、运行和存储，并能够防御一些典型的软件攻击和硬件攻击。面向安全敏感软件的可信环境构建方法的提出，丰富了可信计算技术在计算平台中的应用。

目　录

图表目录

1 绪 论

1.1 引 言

21 世纪是信息时代。近年来，随着信息技术的快速发展与信息设备价格的不断降低，计算机系统在军事、金融、家用等领域已变得无处不在，无数计算设备通过网络相连，对推动社会的数字信息化发展起到不可估量的作用[1]。与信息系统带来便利相伴随的是人类对电子系统的高度依赖，以最为强调系统可生存性与可靠性的军事系统为例：据统计，美军 1955 年只有 10% 的武器系统需要信息系统的支持，而这一比例到 20 世纪 80 年代就上升到了 80% [2]。各领域的关键系统已经逐步从过去依靠人工或模拟系统转换为依赖实时计算的数字系统。人类对信息的高度依赖使得信息成为一种重要的战略资源，信息的获取、处理和安全保障能力已经成为一个国家综合国力的重要组成部分，信息安全事关国家安全，事关社会稳定与经济发展[1]。

尽管信息技术与产业空前繁荣，但与此同时，信息安全形势仍旧十分严峻。中国国家计算机网络应急技术处理协调中心（CNCERT/CC）的 2011 年网络安全工作报告[3]就已经指出，网络违法犯罪行为的趋利化特征明显，大型电子商务、金融机构、第三方在线支付网站成为网络钓鱼等攻击的主要对象，黑客仿冒上述网站或伪造购物网站诱使用户登录和交易，窃取用户账号密码，造成用户经济损失。2011 年国家互联网应急中心共接收网络钓鱼事件举报 5459 件，较 2010 年增长近 2.5 倍；重点处理网页钓鱼事件 1833 件，较 2010 年增长近 2 倍。报告同时指出，2011 年被篡改的政府网站为 2807 个，比 2010 年大幅下降 39.4%。从 CNCERT/CC 专门面向国务院部门门户网站的安全监测结果来看，国务院部门门户网站存在低级别安全风险的比例从 2010 年的 60% 进一步降低为 50%。但从整体来看，近年来网站安全情况仍在恶化。

由此可见，病毒、木马、僵尸网络、间谍软件、网络钓鱼等攻击已经威

胁到用户数据、各种交易系统及数字媒体版权的机密性、真实性与完整性，对经济、政治、军事等高安全需求领域的信息安全更是造成了严重威胁。与此同时，新的攻击仍旧层出不穷，黑客攻击的目的也由前期的炫耀技术、追求成就感，逐渐转变为获取经济利益或政治利益[4,5]，甚至已经为此形成了一套完整的体系与地下产业链，其攻击更加有组织、有预谋，产生的危害也更加严重。

众所周知，信息的载体是系统，信息不能脱离系统环境而独立存在[1]。信息安全问题与信息系统安全息息相关，而作为信息载体的信息系统是由大量复杂的软硬件组成的。根据信息安全的木桶原理，信息系统的任一组件出现问题，都可能大幅降低信息的安全性，导致信息安全事故的发生。因此，要想保护信息安全，不得不构建一个密不透风、覆盖整个信息系统的防御体系，任何一处细微的疏忽都有可能导致安全防护的崩溃。而与之相对，攻击者只需攻破信息系统的一个点，即可进行渗透与破坏，加之信息安全攻击的门槛越来越低，无须精通计算机的人也可以发起攻击。这些因素正是导致当前信息安全问题如此突出的重要原因。

保护信息安全的传统方法是围绕系统核心资源，在其外围针对不同的攻击方法进行封堵，同时在发现系统漏洞之后，通过打补丁和升级进行弥补。这种方法对已知攻击进行了有效防范，在一定程度上提高了信息系统的安全性。然而，具体的攻击形式总是不断变化的，新的漏洞也会层出不穷，这些新的攻击导致系统总是有补不完的漏洞、打不完的补丁。更进一步，传统的信息安全保护方法“发现攻击或漏洞—采取防范措施”的特点，使得防御往往滞后于攻击，实际效果并不理想。据 CNCERT/CC 的 2011 年网络安全工作报告[3]称，境外有近 4.7 万个 IP 地址作为木马或僵尸网络控制服务器参与控制我国境内主机，虽然其数量较 2010 年的 22.1 万个大幅降低，但其控制的境内主机数量却由 2010 年的近 500 万个增加至近 890 万个，呈现大规模化趋势。

由此可见，应当对传统的信息安全保护方法做出调整，使之与信息系统的发展相适应。在信息安全领域的研究中，硬件结构和操作系统的安全是信息系统安全的基础，而密码、网络安全等是其关键技术。只有从信息系统的硬件和软件的底层采取安全措施，才能比较有效地确保信息系统的安全[6]。正是在这种思想下，Intel、Microsoft、IBM 等著名 IT 企业成立了可信计算组织（Trusted Computing Group，TCG），并致力于通过构建可信计算平台，解决信息安全的关键问题。

“可信计算”的概念提出之后，得到了国内外各界的高度重视。美国的《国家软件发展战略（2006—2015）》将软件的可信问题放在首位。美国自然科学基金会在加州大学伯克利分校建立了科学与技术研究中心 TRUST，其目标是为设计、构建和运行可信信息系统建立新的科学与技术基础。同时，我国国家高技术研究发展计划（863 计划）、国家自然科学基金委员会也分别在可信计算领域发布了一系列重大研究项目。由此可见，通过可信计算相关方法保护信息安全已经得到广泛的认可，并且可信计算的相关研究已经成为国内外信息安全领域研究的热点。

1.2 可信计算的研究背景

1.2.1 可信的定义

可信，这一概念的产生可以追溯到计算机发展的初期，当时人们把高可信的电路称为可信电路（Dependable Circuit）[7]。随着计算机领域的不断发展，各种攻击随之增加，这使得人们逐渐意识到，需要通过某些方法使得用户能够确信其使用的设备是安全、值得信赖的，因此，可信的概念再次为人们所重视。

可信的核心是“信任”，而信任本来是社会学中的概念，社会学中的概念往往内涵广、属性多，因此，可信是一个多层次、多范畴的概念，也是一个与时俱进的、哲学的、没有结论的概念[8]。在对信任内涵的研究方面，McKnight 与 Chervany 等人做出了重要贡献。他们分析了大量与信任相关的代表性研究，在文献［9］中提出了 15 种信任的来源与 8 种信任定义的类型。经过统计发现，Expectancy（期望）与 Belief（信念）是大多数研究者在定义信任时会用到的词汇，并且在大多数信任的研究中，都会与 Behaviour（行为）有所关联。

我们在前人研究的基础上也对信任的属性进行了归纳[1]，我们认为，信任具有以下基本属性和特征：

①信任是一种二元关系。信任是信任主体与信任客体之间的二元关系。

②信任具有二重性。信任的形成既与信任主体对信任客体的期望、感觉、倾向等主观因素相关，又与信任客体自身的行为、所处的环境等客观因

素相关。由此可见，信任具有主观与客观的双重性。

③信任不一定具有对称性。由于信任具有二重性，信任的双方在期望、倾向等主观因素和环境等客观因素上都不尽相同，因此使得信任不一定具有对称性。

④信任可度量。信任是信任主体与信任客体之间的一种关系，而信任的程度是信任主体对信任客体的评价。这种评价与信任主体、客体和环境等主观因素与客观因素相关，可以是信任与不信任的二值评价，也可以是分级量化的等级评价。

⑤信任可传递，但在传递过程中可能有损失。在信任的上下文一致的情况下，信任是可传递的，但由于不同的信任主体对信任客体评价的标准可能存在不一致，因此在信任传递的过程中可能会出现损失，传递的路径越长，出现信任损失的概率越高，产生的累积损失可能也越大。

⑥信任具有动态性。由于信任与信任主体的期望、感觉、倾向等主观因素有关，而这些主观因素有可能受到环境、时间等客观因素的影响从而发生改变，因此从整个时间轴来看，信任具有动态性。

从以上分析可以看出，要想准确地定义信任，使之能够覆盖信任的所有来源，涵盖信任的所有内涵与属性，是非常困难的，在一定时间内也是难以统一的[8]。因此，在进一步研究可信的定义时，应当将信任这一重要概念与研究问题的目标领域相结合，抓住特定环境下的重要属性进行研究。

目前，国际上对可信的阐述中，受到广泛认同的主要有 TCG。TCG 从行为的角度给出可信的定义："当一个实体的行为总是按照预期的方式达到预定的目标，则它就是可信的[10]。"可以看出，TCG 的定义与"行为"密切相关，这与 McKnight 与 Chervany 等人研究结果的统计规律十分吻合。TCG 从行为的角度对信任客体提出一种期望，认为客体应当符合主体对它的预期，能够实现预定的目标。

国际标准化组织与国际电子技术委员会（International Organization for Standardization/International Electrotechnical Commission）在信息技术安全评估通用准则标准 ISO/IEC 15408[11] 中定义可信为："一个可信组件、操作或过程的行为应是可预测的并能抵御应用软件、病毒攻击和一定级别的物理干扰。"Avizienis 和 Laprie 等人认为"要能够理论证明系统提供的服务是可信任的，并且系统能够避免出现过于频繁或严重以至于用户无法忍受的服务失效，系统才能被称之为可信[12]。"ISO 定义更加强调可信能够抵御外界的安全威胁与干扰。Avizienis 和 Laprie 等人则偏重于对可信的理论论证。

武汉大学研究团队在张焕国教授的带领下，在可信计算领域进行了深入研究，并提出了自己的观点[1,6,13,14]：“可信计算系统是能够提供系统的可靠性、可用性、安全性（信息的安全性和行为的安全性）的计算机系统。通俗地简称为：可信≈可靠＋安全（Trust≈Dependability ＋ Security）。”

从以上几种不同的定义，我们可以看出一个共同点，那就是强调主体对客体行为的期望，强调系统的安全与可靠，这说明可靠性与安全性是目前可信性的主要属性，因此在本书的探讨中，我们仍然采用武汉大学的观点：可信≈可靠＋安全。本书后续的内容都将围绕这一定义展开，并在部分关键技术上兼顾可用性、高效性等属性。

1.2.2 可信计算的思想

虽然目前关于可信尚未形成统一的定义，但是各研究机构和科研人员的总目标是相同的，那就是提高计算机系统的安全性。为了达到这一目标，可信计算要能够使得用户相信他所使用的设备是值得信赖的。

然而，由于终端上运行的系统往往是开放系统，用户或所有者能够对其上运行的软件进行配置、修改、删除等操作，这使得基于软件方法的安全机制容易被绕过或无效化，并且软件本身无法度量自身的可信性。针对这一问题，目前得到普遍认同并已广泛使用的方法是 TCG 提出并推广的完整性度量与报告机制。TCG 在硬件中设置了防篡改的度量、存储与报告核心，用它们来检查上层组件的完整性，通过将信任从底层硬件逐级传递到上层应用，确保平台的可信。具体而言，就是提出可信根与可信平台模块[10]（Trusted Platform Module，TPM）的概念，并将其部署于可信计算平台中。

可信计算平台的信任根在理想情况下应当同时具备平台可信度量、存储与报告的核心，在此基础上从信任根到底层硬件平台，到操作系统，再到上层应用，逐级把信任从信任根扩展到整个计算机系统。以 IBM4758 为代表的安全协处理器系统[15-18]已经实现了这种安全机制，但是由于成本过高，并未得到广泛使用。

TCG 考虑到可信计算在现有设备上的应用问题和成本问题，进行了一些妥协，将 TPM 设计为只具有基本密码功能的安全芯片。为了将信任从信任根扩展到整个系统，可信计算平台需要在平台启动的整个过程中对参与的各组件进行度量与校验，而 TCG 的 TPM 无法先于其他部分启动①，因此，TCG 将可信度量根从 TPM 中移出，放入系统最早执行的 BIOS 初始化代码中，默认 BIOS 在出厂时已经具备可信度量根的能力，并且不会被攻击或更改。TCG 的这种做法是对现有终端体系结构的一种有效解决方案，并已得到广泛使用。

1.2.3 可信计算的发展

任何科学领域的产生和发展都有其历史过程，在可信计算的形成过程中，从最开始对硬件电路的研究到容错计算，再到安全操作系统和安全协处理器，都对可信计算的形成与发展起到了推动作用，帮助可信计算的含义由侧重于硬件的可靠性、可用性逐步扩展到整个信息系统的综合可信[19]。

20 世纪 70 年代初，Anderson 在报告中首次提出了可信系统（Trusted System）的概念，并对几个关键的概念进行了形式化定义[20]。

1985—1991 年，美国国防部公布了“彩虹系列”信息系统安全指导文件。1985 年公布的《可信计算机系统评价准则》（Trusted Computer System Evaluation Criteria，TCSEC）[21]也被称为橘皮书。橘皮书是世界上第一个可信计算机评价标准，首次提出了可信计算机（Trusted Computer）和可信计算基（Trusted Computing Base，TCB）的概念，并把 TCB 作为计算机系统安全的基础。作为补充，美国国防部在 1987 年和 1991 年相继推出了可信网络解释（Trusted Network Interpretation，TNI）[22]和可信数据库解释（Trusted Database Interpretation，TDI）[23]。“彩虹系列”多年来一直是评价计算机系统安全的重要准则，对确保计算机系统安全有着指导意义。

1991 年，英国、法国、德国与荷兰四国提出了信息技术安全评估准则（Information Technology Security Evaluation Criteria，ITSEC）[24]，首次提出了信息安全的保密性、完整性与可用性，并对可信计算的概念进行了扩展，将其提高到可信信息技术的高度。

1999 年 10 月，Intel、Microsoft、Compaq、HP、IBM、SONY 等著名 IT 企业成立了可信计算平台联盟（Trusted Computing Platform Alliance，TCPA），致力于发展可信的计算平台。TCPA 于 2003 年改组为可信计算组织

① TCG 的规范中 TPM 为被动设备，但是本书作者所在科研团队已经可以做到将可信度量根内置到 TPM 中，TPM 作为主动设备，加电优先启动并运行，具体请参看第 2 章。

(Trusted Computing Group，TCG)[25]，成员扩大到200多家，涵盖全球各大厂商。TCPA与TCG的成立，标志着可信计算高潮阶段的到来。

随着可信计算的发展，我国也逐渐兴起了可信计算的相关研究。我国首届可信计算平台论坛于2004年6月在武汉召开，同年10月，武汉大学在解放军密码管理委员会的支持下召开了“第一届中国可信计算与信息安全学术会议”。

我国于2006年开始着手制定可信计算规范和标准，在国家密码管理局的主持下制定了《可信计算平台密码技术方案》和《可信计算密码支撑平台功能与接口规范》两个规范[26]。2007年在国家信息安全标准委员会的主持下，我国开始制定可信计算关键技术系列标准。

2008年中国可信计算联盟（CTCU）成立。

经过30多年的发展，可信计算的研究内容不断扩充，研究重点也逐渐从早期的容错、故障检测和冗余备份，发展到现在的硬件平台、软件系统、服务器、网络及移动终端等领域。

1.3 可信计算的相关研究

1.3.1 可信计算研究现状

TCPA与TCG的成立极大地促进了国际可信计算领域的发展，国内外可信计算领域的研究呈现出一派欣欣向荣的景象。目前，TCG具有Infrastructure、PC Client、Server Specific、Trusted Platform Module、Trusted Network Connection等15个工作组和1个技术委员会[27]。TCG已经制定并不断完善着一系列的可信计算技术规范[28]，主其内容涵盖基础架构、硬件平台、软件系统、存储、PC、服务器、移动设备等多个领域。

IBM作为国际IT领域最重要的企业之一，早在20世纪80年代就开始了以安全硬件为基础的安全体系结构研究，并且一直致力于可信计算技术的研究和推广。IBM Watson研究院的安全系统部、Zurich研究院和Tokyo研究院开展了大量可信计算研究，提出了完整性度量架构IMA[29]、可信虚拟域TVD[30]、虚拟可信平台模块vTPM[31]等多项关键技术，开发出了安全虚拟机监控器架构sHype[32]，并且生产出了IBM 4758系列安全协处理器[15-17]产品。除此之外，IBM已经从T23系列笔记本开始，将可信计算相关芯片与技

术集成在其笔记本产品中[33]。

尽管Microsoft公司是TCG的发起单位之一，但其在推动可信计算发展的同时，也在强调自己的见解。Microsoft独立提出的Palladium计划[34]向平台中加入了安全密码协处理器，并对计算平台的处理器、主板芯片组及I/O设备进行了修改，从而增加了新的CPU保护模式，隔离出可信的内存空间，并为平台搭建起可信路径。该计划后改名为下一代安全计算基（Next Generation Secure Computing Base，NGSCB）[35]，并沿用至今。目前，Microsoft已经在Windows Vista和Windows Server 2008及其后续版本中支持NSGCB。

作为国际著名处理器厂商，Intel一直致力于安全增强型CPU的研发。为了对微软的Palladium计划给予支持，2003年Intel发布了支持Palladium计划的LaGrande硬件技术，后进一步扩展并更名为可信执行技术（Trusted Execution Technology）[36]，该技术实际为一种可信计算平台整体解决方案，改进了CPU结构和指令集，支持内存保护和进程隔离，并计划推出采用LaGrande技术的新一代处理器[37]。

欧洲于2006年1月启动了名为"开放式可信计算（Open Trusted Computing)"的可信计算研究计划[38]。该计划基于可信计算技术，已经在异构平台上实现了多个安全应用。

德国鲁尔大学的系统安全研究所也进行了大量的可信计算研究工作[39]，其研究涵盖Trusted Grub、欧洲多向安全计算基、TPM Compliance Tests等多个可信计算相关领域的科研项目。

我国在可信计算领域的研究起步不晚，水平不低，成果可喜[6]。

武汉大学与武汉瑞达公司合作，于2003年研制出"J2810芯片"（我国第一款可信计算平台模块）和可信计算平台"SQY-14嵌入密码型计算机"。2003年7月15日通过国家密码管理局主持的安全审查，2004年10月通过国家密码管理委员会主持的技术鉴定。该研究在系统结构和主要技术路线方面与TCG有所类似，在平台的可控启动方面又有其自身的特点。

2005年1月，全国信息安全技术标准化委员会成立我国可信计算工作小组。同年，联想公司和北京兆日公司的TPM芯片相继研制成功。

2007年，国家自然科学基金委员会启动了"可信软件基础研究"重大研究计划[40]。同年，国民科技公司的"可信计算机密码模块安全芯片"和联想公司的"可信计算密码支撑平台"通过国家密码管理局的认证。

2008年，北京兆日公司与国民科技公司的一系列可信计算芯片和平台通过国家密码管理局的认证。同年，武汉大学可信计算研究团队在国家863计划项目的支持下，研制出国内第一款“可信PDA”和第一个“可信计算平台测评系统”。

2009年，瑞达公司的“可信计算机密码模块安全芯片”通过国家密码管理局的认证，基于这一新芯片的可信计算机也推出上市。

2005—2007年，武汉大学、华中科技大学、复旦大学与HP公司合作进行了基于可信计算技术增强网格安全的研究。2007年至今，武汉大学、华中科技大学、复旦大学、清华大学与EMC公司合作进行了基于可信计算技术构建可信云计算基础设施的研究。这些研究取得了受到国际同行高度认可的研究成果。

目前，国内外的可信计算研究已经形成热潮，我国政府也在国家信息化发展的高度上强调了可信计算领域的研究，并正在推广我国自己的可信计算相关国家规范。国家发改委已经将“可信计算”列入“十一五”信息安全专项之中，国家自然科学基金委员会已经将可信计算相关的理论问题列为重大研究计划予以支持，国家863计划也启动了可信计算专项项目。

1.3.2 可信计算的主要概念与关键技术

可信计算已经发展了10多年，其研究内容覆盖基础设施、计算平台、移动终端、服务器、芯片、网络连接等多个领域，已经形成了TPM、信任链、可信软件栈（TCG Software Stack，TSS）、可信网络连接等关键技术。本部分简要介绍与本书研究相关的几个概念与关键技术。

1.3.2.1 可信计算平台

可信计算是信息安全领域的重要方法与技术，而信息的载体是信息系统，信息不可能脱离系统环境而独立存在，因此，作为可信计算领域中信息载体的可信计算平台至关重要。

TCG已经明确提出了可信服务器、可信PC、可信PDA和可信手机这4种可信计算平台[41]，并且制定了相应的技术规范，给出了其系统结构和主要的技术路线。目前，这些可信计算平台都已基本实现产品化，并且可信PC已经得到广泛使用。在国家863计划的支持下，我们研发出中国第一款可信PDA原型系统[42,43]，并且中国第一款可信PC也是由本书作者所在的课题组与武汉瑞达公司合作开发的[44,45]。

可信计算平台与普通计算平台的最大区别在于向传统的计算平台中加入

了可信计算的信任根。基于信任根与可信计算的信任链机制，就可以实现对平台可信性的度量，实现平台重要数据的安全存储，实现平台的远程证明，并能在 TSS 的支撑下向平台上层应用提供可信服务，这与 TCG 对可信计算平台的定义是十分吻合的。

结合可信计算平台的定义与可信计算平台的实际情况，我们认为：一个计算平台，无论其表现形式如何（服务器、PC、PDA 或手机），都必须同时具备可信计算的主要机制和可信服务功能，才能称之为可信计算平台。目前，虽然有些计算平台配置了可信计算的相关芯片，但是它们没有信任链或信任链不完备[46,47]，也不能为用户提供可信服务，这类计算平台就不能成为可信计算平台。

1.3.2.2 信任根

“信任根”，顾名思义就是指信任的根源，是可信计算的信任基础。可信计算平台为了使人信服其自身的可信，需要能够准确地度量当前平台的可信性，要能够将度量的结果妥善保存，在访问客体询问时还要能够提供报告，这就是度量存储报告机制。该机制是可信计算平台确保自身可信，并向外提供可信服务的重要机制。

为了确保度量存储报告机制的可信，TCG 认为一个可信计算平台必须包含 3 个信任根：可信度量根（Root of Trust for Measurement，RTM）、可信存储根（Root of Trust for Storage，RTS）和可信报告根（Root of Trust for Report，RTR）。其中，RTM 是度量平台可信性的信任基点；RTS 是存储平台可信度量值的信任基点；RTR 是向访问客体报告平台可信性状态的信任基点。这三者合称可信计算平台的信任根，如图 1–1 所示。

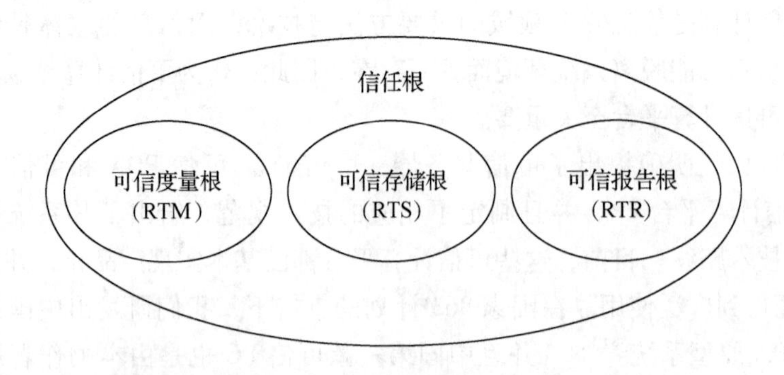

图 1–1 信任根

具体而言，RTM 在目前 TCG 的可信计算平台中，是被称为“可信度量根核（Core Root of Trust for Measurement，CRTM）”的一段代码，该代码在平台启动时被首先执行用于进行平台信任度量。另两个信任根都处于 TPM 中，其中，RTS 由一组被称为平台配置寄存器（Platform Configuration Register，PCR）的存储器和存储根密钥（Storage Root Key，SRK）组成，RTR 由 PCR 和背书密钥（Endorsement Key，EK）组成。

1.3.2.3 可信平台模块

TCG 定义的 TPM 是一种 SoC（System on Chip）芯片，TPM 中集成了 RTS 和 RTR，是可信计算平台的重要特征与不可或缺的组成部分，目前 TCG 已经发布了两个版本：1.1b[10] 和 1.2[48]，下一版本正在紧密筹备中。

TPM 由 I/O 模块、执行引擎、电源检测、选择开关、密钥产生器、随机数产生器、密码协处理器、HMAC 引擎、SHA-1 引擎、非易失性存储器和易失性存储器构成，其功能涵盖了芯片管理、密码运算、安全存储等多个方面。各模块功能详见本书第 2 章。

为了便于 TPM 的使用，TCG 在可信 PC 的规范中给出了 TPM 与计算机主板的建议连接方式，如图 1-2 所示。

TPM 通过 LPC 总线与可信 PC 主板上的南桥芯片相连接，作为可信计算平台的安全协处理器成为可信 PC 不可分割的一部分，这是可信 PC 与普通

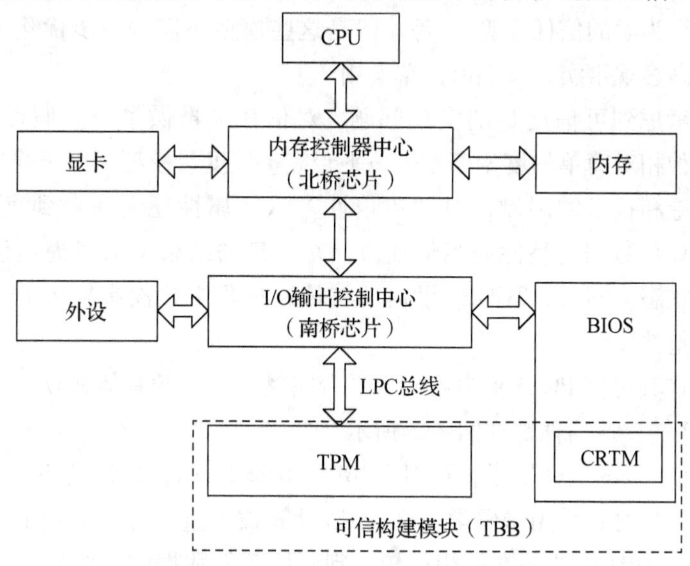

图 1-2 TPM 与可信 PC 的连接

PC 的最大不同之处。为了便于在可信 PC 中进行完整性校验而不改动 PC 的原有硬件结构，TCG 将平台的信任根分为两部分：RTS 和 RTR 位于 TPM 中，而 RTM 则位于 BIOS 中。

在可信 PC 中，CRTM 是 BIOS 中的一段特殊代码，在平台启动时最先运行，作为平台的 RTM 以信任链的方式对整个计算平台的资源进行完整性度量。完整性度量值存储在 TPM 的 RTS 中，并通过 TPM 中的 RTR 向外部提供报告，用于判断该平台是否可信。因此，CRTM 与 TPM 一起组成了可信 PC 的信任根，又称作可信构建模块（Trusted Building Block，TBB）。

TPM 丰富的计算资源和密码资源使得 TPM 具备了密钥管理、加解密、数字签名、安全存储等功能，并且能够完成 RTS 和 RTR 的职能。TCG 的 TPM 总体上来说是设计得十分成功的，很好地支撑了可信计算的技术与机制，目前也已经作为可信计算平台的信任根得到了广泛的应用，但是多种因素也造成目前 TCG 的 TPM 仍然存在一些不足。我们在这方面进行了一些研究，并取得了一定的成果，研究内容详见本书第 2 章。

1.3.2.4 可信度量

可信度量也就是度量可信计算平台的信任度。目前，信任的度量理论与模型有很多，主要包括基于概率统计的信任模型[49,50]、基于模糊数学的信任模型[45,51]、基于主观逻辑的信任模型[52]、基于证据理论的信任模型[53]和基于软件行为学的信任模型[42]等。但是这些模型还需进一步优化，使之既能准确刻画客观事实，又能够简单实用。

TCG 考虑到可信度量的实现问题，对信任度量做了一些假设与简化，采取了一种相对简单的度量模型——平台完整性度量模型。由于受到现有信任度量理论和技术的限制，对“可信性”这一属性还无法做到直接度量，因此，TCG 用数据完整性充当信任值，在度量的结果上只考虑信任和不信任这两种状态，同时，TCG 假设信任在传递过程中是没有损失的，可以进行逐级完整性度量。

TCG 在其可信 PC 规范中给出了平台完整性度量的具体实现方案——可信 PC 信任链。该信任链如图 1-3 所示。

在可信 PC 的信任链中，RTM 为 BIOS Boot Block，TPM 为 RTS 与 RTR。进行信任度量时，采用密码学 Hash 函数计算被度量部件的散列值，通过与预先存储于 TPM 中的基准值相比较，判断该部件数据的完整性是否受到破坏。整个度量过程从 BIOS Boot Block 出发，经过 BIOS 到引导扇区，再到操

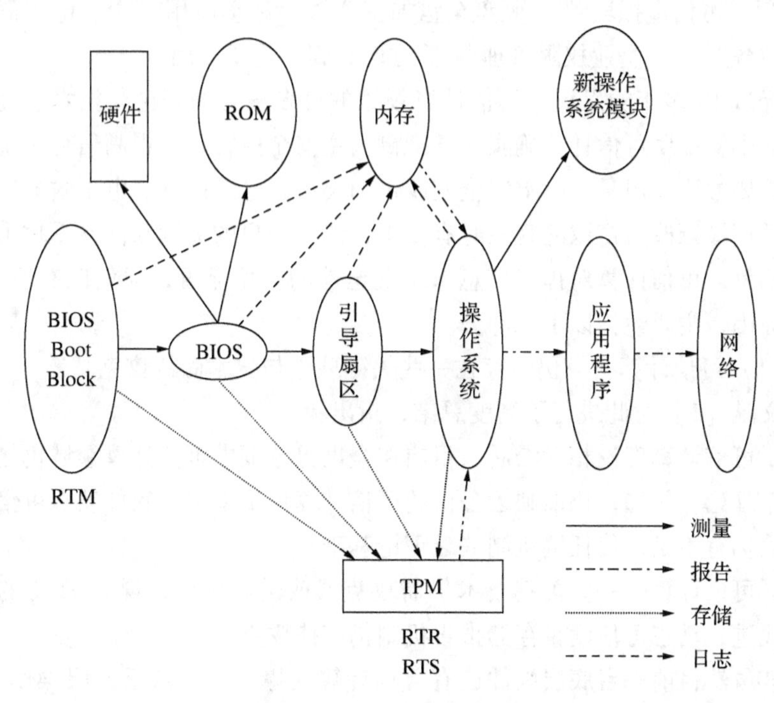

图 1-3　可信 PC 信任链

作系统，构成了一条信任链。沿着这条信任链，一级度量认证一级，一级信任一级，确保整个平台系统资源的完整性。完成完整性度量与验证之后，TPM 能够向上层访问客体提供可信报告，用于判断当前计算平台的可信状态。

由上述过程可以看出，TCG 提出的这种信任链实现简单，并且能够对平台的可信性进行度量，对度量值进行存储与判断，并能够在需要时向访问客体提供报告，这与 TCG 的度量存储报告机制十分吻合。TCG 通过这种方式成功地将信任从信任根逐级地扩展到整个计算机系统中。

1.4　本书的研究背景

可信计算已经成为国内外信息安全领域的研究热点，国内外许多研究机构都对可信计算相关理论与技术进行了深入研究，新的研究成果也在不断提出。目前，可信计算已经在数字签名[54,55]、隐私保护[56,57]、数字版权保护[58,59]、可信虚拟域[60]、硬盘全盘加密[61,62]、移动应用[56,63]、电子商务与电子政务[64,65]、企业权限管理[66]等方面起到了重要作用。

经过10多年的发展，可信计算领域的许多核心的理论与技术已经得到突破，事实证明可信计算确实能够抵御大量安全威胁，是提高信息系统安全性的重要方法。但是，终端安全问题仍旧突出，电子商务、电子政务等领域关键数据被篡改与窃取的现象时有发生，终端用户的关键软件遭受攻击更是屡见不鲜。可信计算对提高信息系统安全性的作用显著，但仍旧有所局限，究其原因，主要包括以下几部分。

（1）可信计算自身仍然存在一些关键理论与技术尚待攻克

文献［1］对此进行了高度总结，指出：

①可信计算理论相对滞后，目前在全世界范围内可信计算领域仍是技术超前于理论。例如，仍旧缺乏公认的可信计算理论模型，软件动态可信性度量理论仍有不足，信任链机制缺乏理论基础。

②可信计算的一些关键技术仍需攻克或改进。例如，现有TPM的设计仍需改进，动态可信度量存储报告机制仍有待攻克。

③虽然目前平台底层硬件已有可信计算支撑，但仍缺乏上层操作系统、数据库、网络及应用的可信机制配套。

④缺少安全机制与容错机制的结合。目前，可信计算仍主要考虑安全机制的研究，对“可信”这一概念的另一重要方面“可靠”尚缺乏研究。

⑤具体应用相对较少。很多设备还停留在有底层硬件无上层应用的状态，致使大量用户即使拿到装有可信计算芯片的设备，也无法方便快捷地使用可信计算相关安全机制，因此，可信计算的应用仍有待开拓。

（2）现有的可信计算机制能够很好地解决软件加载时的可信加载问题，但对软件动态运行时的保护较为薄弱

TCG对可信的定义虽然强调了“行为”这一动态因素，但是现有的可信计算度量方法仍然只是系统或软件运行前的静态代码完整性度量，对运行态的软件与系统环境的动态可信性缺乏保护。特别是在军事与经济等领域，大量软件被用来处理敏感信息或机密信息，这些软件本身并不复杂，但其控制和处理的信息却极为敏感。攻击者往往是在软件运行之后再通过底层操作系统，或者直接使用硬件攻击方式窃取或篡改敏感信息。传统可信计算机制尚无法解决此类TOCTOU（Time Of Check to Time Of Use）问题[67]。

综上所述，可信计算机制确实能大幅提高信息系统的安全性，但其自身

也存在一些局限性，一些关键问题也迫切需要解决。如何解决其中的一些关键理论与技术问题，使得可信计算能够进一步走向实用，是一个重要课题。因此，本书从可信计算平台的角度，围绕计算平台可信启动及运行的若干关键理论与技术展开研究，本书的后续章节将对这些理论与技术问题进行一些探索性的讨论，并给出相应的实现方法。

1.5 本书的主要研究内容

本书在多项国家自然科学基金项目和国家863计划项目的共同资助下完成。本书是作者部分研究成果的总结和归纳。

纵观全书，其中心思想是：坚持理论联系实践、学术研究与应用相结合，针对可信计算平台的高安全性需求和现有技术的不足，研究计算平台可信启动及运行的一些关键技术，即通过研究 TPM 为平台提供信任支撑，通过研究信任链确保平台可信启动，通过研究平台运行时的动态度量增强平台运行时的可信性，并在此基础上进一步将以上关键方法相结合，构建面向高安全需求的可信计算环境。

本书的主要研究内容包括以下几个方面。

（1）扩展可信平台模块（ETPM）研究

针对现有 TPM 存在的问题展开研究，提出并实现 ETPM，包括：

①对现有 TPM 的设计目标、结构及密码和密钥设置进行深入研究和分析，在此基础上结合 TPM 不断丰富的应用需求和使用环境提出现有 TPM 的不足；

②针对 TPM 存在的不足，研究其解决方法，提出具有主动控制能力，具备更高安全性与可靠性，更符合 TPM 灵活多变的应用环境的 ETPM；

③理论与实践相结合，在 ETPM 设计的基础上，实现 ETPM 原型系统，并将其应用于国内首款可信 PDA 中，通过 ETPM 的实际使用分析与论证 ETPM 设计的合理性与实用性。

（2）具有数据恢复的星型信任模型与可信启动研究

针对计算平台的信任扩展和可信启动，从理论与技术两方面对其中的关键问题展开研究，归纳出可信性验证的一般方法，提出具有数据恢复的星型信任模型，并进一步与信任根相结合，确保计算平台的可信启动，包括：

①对当前主要的信任度量模型进行分类介绍与分析，探讨这些模型各自

的优缺点及与实际系统中可信度量的关系；

②在信任度量模型的基础上，通过对可信性验证的归纳与分析，总结出可信性验证的一般方法，从理论角度指导信任链的进一步研究；

③信任度量模型和可信性验证方法是理论基础，而信任链是以上理论模型在可信计算平台中的具体实施技术，通过深入分析 TCG 的信任链技术，指出其存在的不足，并针对这些不足，提出一种具有数据恢复能力的星型信任模型；

④将星型信任模型与 ETPM 相结合，探讨可信计算平台具有可靠性的可信启动，并在可信 PDA 中进行实际应用。

（3）面向安全敏感软件的可信环境构建方法研究

综合以上关键理论与技术研究，针对可信计算平台运行过程中特殊安全敏感软件的保护问题，从可信计算技术具体应用的角度，提出面向安全敏感软件的可信环境构建方法，并通过实际系统验证其正确性与可行性，包括：

①对现有在通用计算环境中保护安全敏感软件的重要方法进行分类介绍，通过深入分析，指出各类研究的特点和目前仍存在的问题；

②针对安全敏感软件所处的特殊环境进行威胁分析，进一步确定研究角度和研究内容，提出本研究的前提假设；

③在明确研究方法和研究目标后，提出面向安全敏感软件的可信环境构建方法，将 ETPM 作为平台的信任根提供可信支撑，利用信任链技术确保目标软件的可信加载，通过 DMIM 与文件监控为目标软件构建可信的运行环境，并以 ETPM 为基础，为目标软件构建灵活可扩展的可信存储空间，从而最终建立面向安全敏感软件的可信环境；

④设计并实现面向安全敏感软件的可信环境构建系统，通过实际系统的使用展示保护效果，并针对典型的软硬件攻击方法对系统的安全性进行分析。

1.6 论文组织结构

本书内容共分为 5 章，各章的内容安排简要描述如下。

第 1 章为绪论。提出本书的研究背景，分析并介绍可信计算体系的发展现状，概述可信计算领域的一些基本概念与关键技术，引出本书的研究意义，确定本书的研究内容与目标，介绍本书的组织结构。

第 2 章为 ETPM 研究。TPM 作为可信计算的核心，对计算平台的可信启动与运行起到支撑作用。第 2 章在对 TPM 的结构和功能等方面进行深入研究的基础上，总结现有 TPM 的不足，针对这些不足将主动控制能力、对称密码引擎、备份恢复等功能引入 TPM 的设计中，提出改进的 ETPM，并讨论 ETPM 的具体实现方法，最后通过 ETPM 在可信 PDA 中的实际使用，分析 ETPM 设计的合理性与实用性。

第 3 章为具有数据恢复能力的星型信任模型与可信启动研究。可信计算平台的可信启动通过信任链将信任从信任根扩展到整个可信计算平台。第 3 章首先从理论角度探讨信任度量模型，并归纳出可信性验证的一般方法。在理论研究的基础上，对其在可信计算平台的具体体现——信任链展开研究，总结 TCG 信任链技术的不足，并提出一种具有数据恢复能力的星型信任结构。最后结合第 2 章提出的 ETPM，给出星型信任链的一个具体应用——可信 PDA 的可信启动。

第 4 章为面向安全敏感软件的可信环境构建方法研究。本着理论联系实际的思想，第 4 章从实际应用的角度，在本课题组已有研究成果的基础上，将上述关键理论与技术进行融合，提出一种面向安全敏感软件的可信环境构建方法。首先对现有的相关方法进行深入分析与总结，然后通过威胁分析进一步明确研究范围与假设，接下来详细介绍面向安全敏感软件的可信环境构建方法，最后从实验验证的角度结合典型的软硬件攻击对该方法进行分析与总结。

第 5 章为总结与展望。总结本书的主要工作和贡献，在总结全文的基础上对下一步的研究进行展望。

2　扩展可信平台模块研究

与通用计算平台相比，可信计算平台在硬件结构上最大的特点就是主板上嵌入了可信平台模块（Trusted Platform Module，TPM）。TPM 是可信计算平台的信任根，可信计算平台可信启动、安全存储及平台运行过程中的授权、安全签名、加解密、远程证明等所有安全相关行为与功能无一不需要 TPM 的支撑。因此，要确保计算平台的可信启动与运行，首先需要对可信计算平台信任的基点——TPM 展开研究。

本章内容来源于作者论文[42,68,69]。

2.1　引　言

TPM 作为可信计算的核心，其相关研究开展得最早，也是最早实现产业化的可信计算产品。目前，TPM 已经被部署在超过 2 亿个计算平台上[70]，几乎所有的品牌笔记本电脑都配备了 TPM 芯片，大量对信息安全较为敏感的电子设备中也已经广泛应用 TPM。

一方面，TPM 的广泛应用加强了其所在计算平台的安全性；另一方面，可信计算平台不同的应用环境、不同的安全需求也对 TPM 提出了新的挑战，促进了 TPM 的研究。现有 TPM 在最初设计时受到当时计算机领域相关技术的制约，并且出于对成本和出口等问题的考虑，诸如实时时钟、对称加密引擎等大量非常好的特性都被忽略了，随着信息技术的发展，现有 TPM 的设计已经呈现出一些不足。除此之外，嵌入式系统的快速发展及其日益提高的安全需求，已经使得越来越多的电子设备中配备了 TPM 芯片，然而现有 TPM 主要针对 PC 等通用计算平台设计，其体系结构和功能尚不能完全满足嵌入式系统等新的应用平台对 TPM 提出的安全需求。

针对以上问题，国内外许多机构和专家都已经展开了研究。目前，TCG 已经提出了用于解决移动平台的安全规范[71,72]和设想；国内的一些学者[73-76]也提出了利用 TCG 规范的 TPM 与嵌入式 CPU 进行通信，以改善嵌入

式系统安全水平的方法。但是，这些方案都是基于传统的 TPM，该模块是针对 PC 计算平台设计的，并不能满足移动终端、嵌入式平台等环境特有的应用需求，也没有解决 TPM 与目标系统 CPU 共存时对系统的控制问题[1]。

综上所述，TCG 对 TPM 的设计总体来说是成功的，TPM 作为可信计算平台的信任根，能够有效提高平台的安全性，并且已经得到了广泛的认可和使用。但不断发展的应用环境对 TPM 的研究也提出了新的挑战。本章围绕 TPM 展开研究：2.2 节首先对 TPM 的结构和功能等进行详细介绍；在此基础上，2.3 节结合 TPM 不断丰富的应用需求和使用环境，提出现有 TPM 的不足；针对这些不足之处，我们在 2.4 节提出改进的 ETPM；2.5 节讨论 ETPM 的具体实现方法；2.6 节对本章进行小结。

2.2 可信平台模块

2.2.1 TPM 的设计目的

为了保护计算平台的安全，既可以采取软件手段又可以采取硬件手段。理论上来说，任何一种算法既可以用软件实现又可以用硬件实现，但是软件方法和硬件方法各自的特点不同。首先，与硬件相比，软件的灵活性更好，仅通过稍许修改就能够使不同的应用环境共用同一套软件。然后，软件方法往往是适应硬件设备，而不会修改设备的硬件结构，因此更利于在已经形成的产品上部署与使用。最后，软件方法的开发过程不需要依赖硬件厂家而完成，其开发的独立性更强，而硬件方法不仅需要编写软件，还需要配套地对硬件进行修改。

虽然软件方法的灵活性和适应性强于硬件方法，但是硬件方法具备更高的安全性。一方面，硬件比软件更难以被攻破。例如，要复制或篡改一个软件比较容易，而要复制或篡改一个硬件就要困难得多。另一方面，硬件的运算速度比软件更快，这使得用硬件进行加解密、签名等复杂运算效率更高，对系统的时间开销更小。

除此之外，采用硬件有助于检测系统中的恶意代码。攻击者往往是利用软件的安全缺陷进行攻击。据统计，平均每一千行程序就有一个安全缺陷，因此用于保护系统的软件自身也极有可能存在漏洞与缺陷，攻击者总能够破坏或绕过保护软件。只有加入了硬件的支撑与协助，才能够有效阻止攻击。

基于以上原因，可信计算最终选择从终端入手，以 TPM 为信任基点，作为平台安全机制的硬件支撑，以提高计算平台的安全性。正如文献［77］所说：“TCG 设计 TPM 的目的是给漂浮在软件海洋中的船只——客户终端，提供一只锚。”

2.2.2 TPM 的结构

为了促进可信计算的发展，TCG 已经制定了一系列 TPM 规范。到目前为止 TCG 正式公布了两个版本的 TPM 规范：v1.1b 和 v1.2，并且新的 TPM 规范（TPM. next）也正在研究与制定中。根据 TCG 规范对 TPM 的设计，TPM 具备了可信计算平台所需的大部分安全功能，其组成结构如图 2-1 所示。

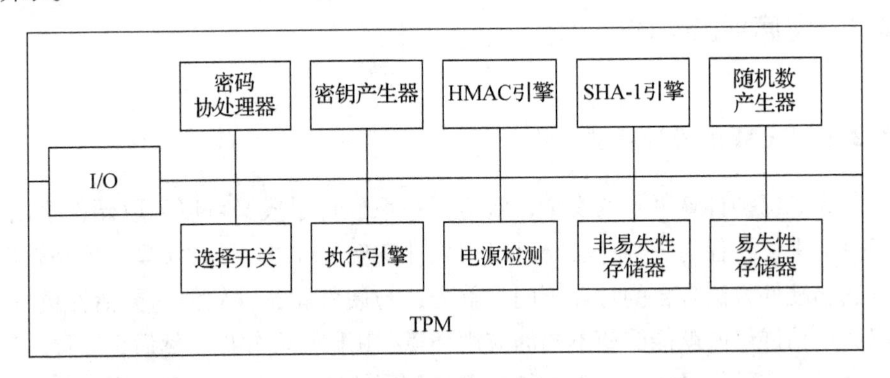

图 2-1　TPM 的结构

在图 2-1 中，I/O 部件主要完成 TPM 内外的通信，负责总线协议的编码与译码。密码协处理器是密码加速引擎，主要用于加密、解密及数字签名。需要指出，现有已公布的 TCG 规范中，TPM 密码协处理器中包含 RSA 密码算法，ECC 和 ElGamal 等算法也是可选密码算法，但其中不包含对称密码。与之相应，TPM 的密钥产生器主要负责生成公钥密码的密钥对。HMAC 引擎是基于 Hash 函数 SHA-1 的消息认证码硬件引擎。SHA-1 引擎是 Hash 函数 SHA-1 的硬件引擎。随机数产生器是 TPM 的随机源，主要功能是产生随机数和对称密码的密钥。选择开关主要负责配置 TPM 的资源和状态。执行引擎主要是处理器和相应固件。电源检测部件监视 TPM 的电源状态并做出相应处理。非易失性存储器是一种掉电保持存储器，主要用于存储密钥、标示等重要数据。易失性存储器主要用作 TPM 的工作存储器。

TCG 规定，RTS 和 RTR 都处于 TPM 中，其关键信息包括背书密钥 EK、存储根密钥 SRK 和平台配置寄存器 PCR。EK 是在 TPM 制造过程中就产生的，是用于唯一标识 TPM 的密钥。SRK 是在激活 TPM 时，由 TPM 生成的一个 2048 位 RSA 密钥。SRK 是密钥链的根，RTS 通过该密钥对所有托管给 TPM 的密钥进行加密，从而能够将 SRK 加密过的密钥存储在外部存储器中，这种方法在不损失安全性的前提下增强了密钥存储的安全性。EK 和 SRK 都是存储于 TPM 内部非易失性存储器中，并且是不可被迁移到其他 TPM 或外部环境中的重要密钥。

在 TPM 的非易失性存储器中，有一系列名为“平台配置寄存器（PCR）”的特殊寄存器，用来保存包括平台软硬件组件信息和平台配置信息在内的关键数据。TCG 规定一个 TPM 中至少要有 16 个 PCR（在 TPM 1.2 版本中内置了 24 个）。PCR 定义见表 2-1。

表 2-1　TPM 1.2 的 PCR 寄存器

寄存器	存储内容	寄存器	存储内容
PCR_0	核心 BIOS	PCR_6	状态迁移
PCR_1	主板设置	PCR_7	厂商使用
PCR_2	ROM BIOS 代码	PCR_{8-15}	保留
PCR_3	ROM 配置信息	PCR_{16}	调试使用
PCR_4	IPL 代码	PCR_{17-22}	动态度量 OS 使用
PCR_5	IPL 配置信息	PCR_{23}	应用程序使用

当主机第一次开机时，PCR 全部为零。需要改变 PCR 内容时，通过“扩展”操作，将新值与 PCR 当前值连接后进行 SHA-1 运算，并用所得结果替代当前 PCR 值。这么做的好处是能够用有限的空间记录系统的任意变化。这些被扩展至 PCR 的值都会被一个外部的日志文件所记录。虽然日志文件存放在安全性较低的磁盘中，但由于存储于安全区域的 PCR 与之是相互关联印证的，所以即使攻击者篡改了日志，根据 PCR 的值也可以立即发现篡改。

2.2.3　TPM 的密码

TPM 作为一块密码芯片，其重要作用就是完成与密码相关的功能。TCG

在 TPM 的规范中，主要配置了非对称密码、Hash 函数和随机数产生器，并配置了与之相关的硬件加速引擎。出于芯片出口方面的考虑，TCG 的 TPM 规范虽然允许使用对称密码，但并未在 TPM 中配置，也没有匹配与之相关的硬件加速引擎[77]。

2.2.3.1 非对称密码

TCG 在 TPM 中配置了非对称密码，并且允许使用的非对称密码很多，包括 RSA、ECC、ElGamal 等。但是 TCG 目前在 TPM 中采用的仍然是 RSA 密码，其他几种密码虽然允许使用，但并未在 TPM 中具体配置，也没有与之相关的硬件加速引擎。

目前，TPM 中采用 1024 位和 2048 位的 RSA 密码，主要用于加密和数字签名。考虑到加密效率的问题，根据应用重要性的不同，TPM 采取不同强度的密钥：背书密钥、身份证明密钥、存储根密钥等重要密钥都是 2048 位的密钥，而存储密钥、签名密钥等普通密钥都是 1024 位 RSA 密钥。

2.2.3.2 Hash 函数

为了进行数字签名和认证，TCG 在 TPM 规范中采用了密码 Hash 函数——SHA-1。该密码 Hash 函数能够处理任何长度小于 2^{64} 位的输入，并输出长度为 141 位的数据。

Hash 函数具备一项重要的特性，即输入改变，则输出就与原值完全不同。这一特性能够用于验证消息的完整性。但是由于 Hash 函数算法公开，直接发送消息 M 和其 Hash 值 H（M）会遭到攻击者的替换攻击：攻击者在把消息 M 替换为 M′的同时，把 H（M）换成 H（M′）发出。为了防止这种攻击，可以在 Hash 计算中加入“密钥”这一攻击者无法得知的机密信息，也就是构成基于 Hash 函数的消息认证码 HMAC。

2.2.3.3 随机数

为了在内部产生密钥，TCG 在 TPM 中加入了随机数产生器。随机数产生器的输出用于产生对称密码的密钥、密码学随机数和一些认证过程中需要用到的随机量等。

由于真随机数产生器较难实现，许多 TPM 实际上采用的是伪随机数产生器。伪随机数产生器能够从计时器或其他 TPM 熵中获取一些信息，用于转化为种子。已经有成熟的方法确保产生的伪随机数具有良好的统计随机特性，但是伪随机数往往是人为控制可重复的。与之相对，真随机数不可人为控制重复，但往往统计随机特性不够好。因此，也有部分 TPM 将两种方法

相结合，产生出高质量的随机数。

2.2.3.4 对称密码

出于TPM芯片出口问题的考虑，TCG在TPM规范中明确表示淡化对称密码，而采取由用户自己选择对称密码并在TPM外部通过软件或其他手段自行解决的方式。

虽然对称密码加解密速度相对较快，但进行大数据量加解密时软件方法仍然比硬件密码加速器慢很多。除此之外，TPM中没有配备对称密码使得用户的对称加解密需要在TPM外执行，增大了其受到攻击的可能性。针对这一问题，我们进行了一些研究，详见本章后续部分。

2.2.4 TPM的密钥

2.2.4.1 密钥的迁移属性

TPM的密钥众多，为了便于管理，TCG设计了密钥的迁移机制。密钥迁移指的是将密钥从一个TPM迁移到另一个TPM中。通过密钥的迁移，能够将一个平台上的部分密钥空间转移到另一个平台上，从而避免因损坏TPM而丢失其中所有密钥。出于密钥系统的安全性考虑，TCG的密钥分为两类：可迁移密钥和不可迁移密钥。

可迁移密钥能够在TPM的内部或外部产生，并且由其他密钥加密，用来加密的密钥可以是存储密钥、可迁移密钥或不可迁移密钥。可迁移密钥的用途主要有两种：一种是将一个平台上的密钥空间转移到另一个平台上；另一种是提供多个系统使用密钥的能力。

不可迁移密钥必须在TPM内部产生。不可迁移密钥只能够由不可迁移密钥加密，因为所有受到可迁移密钥加密的密钥都将转变为可迁移密钥。不可迁移密钥在产生后会被TPM标记，便于TPM的识别。需要注意，不可迁移密钥只能与一个TPM绑定，永不离开产生它的TPM。

在TPM中，背书密钥（Endorsement Key，EK）、身份证明密钥（Attestation Identity Key，AIK）和存储根密钥（Storage Root Key，SRK）这3种密钥是不可迁移的。除此之外，其他的密钥都能够设定为可迁移密钥或不可迁移密钥。密钥的迁移属性是在创建的时候设定的，在创建之后无法改变。

2.2.4.2 TPM中的密钥

尽管密钥能够广义地分为可迁移密钥与不可迁移密钥，但这种分类方式无法体现出密钥的不同作用。因此，TCG按照密钥的功能定义了7种密钥，

并在密钥产生时就规定了其功能。这 7 种密钥构成了 TCG 的 TPM 密钥树，如图 2–2 所示。

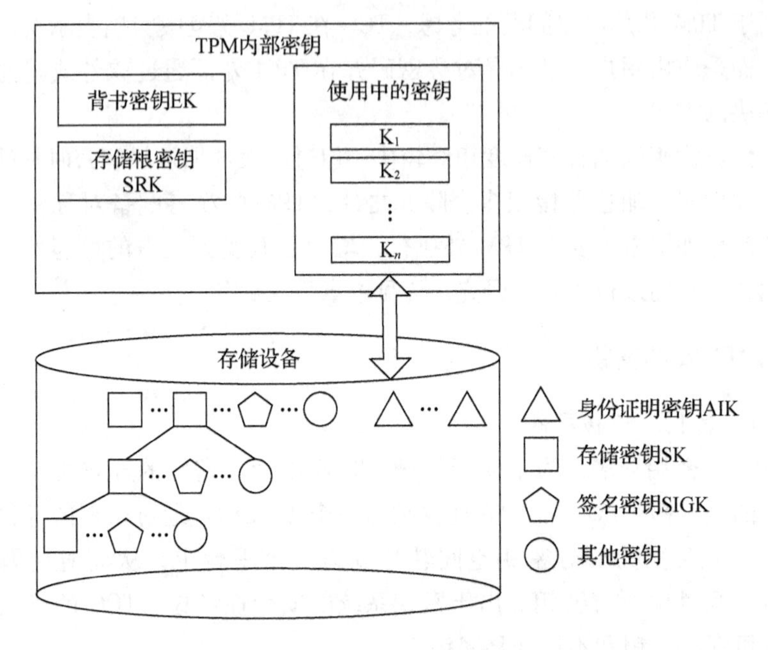

图 2–2　TPM 密钥树

（1）背书密钥

每个 TPM 都配备唯一的 EK，该 2048 位 RSA 密钥对是 TPM 密钥系统中的最高级密钥，是 TPM 的身份标识。EK 仅用于以下两种操作：一种是创建 TPM 拥有者；另一种是创建 AIK 及其授权数据。由于 EK 与 TPM 唯一对应，而 TPM 与平台唯一对应，因此 EK 也可以看作平台的身份标识，是可信计算平台 RTR 的重要组成部分。

EK 是 TPM 最重要的密钥，因此存储在 TPM 内部的非易失性存储器中，并得到保护。由于 EK 是 TPM 的第一个密钥，无法被其他密钥加密，故其私钥以明文形式存储，其公钥通过证书形式管理。

（2）身份证明密钥

由于 EK 对每个 TPM 唯一，因此使用 EK 向外提供平台可信状态报告有可能暴露平台的部分隐私（如位置或配置）。鉴于此原因，TCG 在 TPM 中配置了 AIK，该 2048 位 RSA 密钥可以有多个，用于替代 EK。

AIK 也是 TPM 中的重要密钥，用于对 TPM 内部表示平台可信状态的数

据和信息（如 PCR 值）进行签名和验证签名，进而在平台远程证明时向询问者提供平台状态的可信报告。由于一个平台有多个 AIK，而 TPM 的内部非易失性存储空间又有限，因此，AIK 由 SRK 加密后存储于平台的硬盘上，使用时再装入 TPM。

（3）存储密钥与存储根密钥

存储密钥（SK）用来存储除对称密钥之外的密钥。SK 以分级的形式存在于 TPM 中，构成一个密钥树，密钥树的子节点由父节点加密保护。密钥树的根为 SRK，该密钥为 2048 位 RSA 密钥，用于保护由 TPM 使用而存储在 TPM 之外的密钥。密钥树的其他存储密钥为普通存储密钥，为 1024 位 RSA 密钥。

由于 SRK 是整棵密钥树的根，且用于存储其他密钥，所以它是可信计算平台 RTS 的重要组成部分。因此，TCG 规定 SRK 只能在 TPM 内部产生并存储在 TPM 内部的非易失性存储器中。

（4）签名密钥

签名密钥（SIGK）是 TPM 中用来对数据和信息进行签名的 1024 位密钥对。出于安全角度的考虑，该密钥只能用于签名操作，而不能用于加密。

SIGK 在 TPM 内部产生。该类密钥在父密钥的加密保护下存储于 TPM 外部，其中具有可迁移属性的 SIGK 能够被存储到其他平台。使用时，需要将 TPM 外部的 SIGK 装入 TPM，激活后使用。

（5）其他密钥

除以上 4 种密钥之外，TCG 还定义了 3 种密钥：绑定密钥（Bind Key，BK）、继承密钥（Legacy Key，LK）、认证密钥（Authentication Key，AK）。

BK 是 1024 位的 RSA 密钥对，用于加密小规模的数据，也用于加密对称密钥。LK 是 1024 位的 RSA 密钥对，是 TPM 中唯一同时允许用作存储和签名的密钥，这种特殊性主要是为了使 TPM 密码的应用更加灵活。AK 是 TPM 中的对称密钥，用于对 TPM 的会话进行加密保护。

2.3 TPM 的不足

在通用计算机领域，TCG 已经制定了可信计算平台模块的规范[78]。该规范规定了其逻辑结构、功能及对可信计算机制的支持。除此之外，众多学者也对 TPM 结构进行了深入的研究，并且提出了一些新的 TPM 架构[79-82]，这些研究在一些方面弥补了 TCG 标准中 TPM 的缺陷。

但是，通过对 TPM 的结构、密码配置和密钥管理进行深入理解和分析之后，我们发现，现有的 TPM 仍旧存在明显的不足。

（1）TPM 芯片被设计成一种被动部件，缺乏主动控制能力

TPM 作为一个信息安全芯片，通过主板接口与主机相连，或者直接固化到主板上，作为可信平台的信任根。然而在实际使用中，出于对现有系统的迁就，TPM 往往通过特定接口插在主板上，被当作计算平台的一个从设备来使用，它相当于计算机中的一个安全协处理器，当主机需要安全服务时，由 TPM 提供这种服务。而主机如果不向 TPM 要求这些服务，TPM 就不能参与平台的安全管理工作。

从安全角度而言，这种设计造成一个问题，那就是本应作为系统的信任根对系统进行完整性校验的 TPM，反而是作为从设备，在平台的调用下工作。这不仅在一定程度上降低了 TPM 的安全等级，也增加了其所在平台的负担。

从应用角度而言，由于通用 PC 的处理器具有较强的处理、调度能力，传统的 TPM 作为协处理器尚可适应其安全需求。但是，随着 TPM 应用的不断扩展，许多移动终端、电子设备等嵌入式系统也越来越多地使用到 TPM。这些系统中的处理器调度能力往往相对较弱，无法进行复杂的调度与分配，难以控制整个信任链的度量与扩展过程。

与此同时，这些系统往往具有软硬件可裁剪性，在系统研发和使用的过程中，极有可能根据实际环境对其上的软硬件进行改动，去除其中部分不需要的模块或增加一些必要模块。这些改动，都需要经过可信嵌入式平台的完整性度量，这无疑加重了处理能力本就较弱的处理器的负担。若此类系统中的 TPM 具有更好的控制能力，能够控制平台的信任链扩展过程，将会对可信移动终端、电子设备等新型可信计算平台的效率和灵活性起到较大帮助。

由此可见，TPM 缺乏主动控制能力，而 TPM 日益丰富的应用场景又愈发突出了对 TPM 主控能力的需求。因此，在 TPM 的进一步研究中，需要增强 TPM 自身对平台的控制能力，从通用 PC 中的协处理器，转变为一个主控设备，控制可信计算平台信任链的度量与扩展，这也正符合了 TCG 提出的 TPM 作为可信平台主控，确保平台安全的初衷。

（2）RTM 处于 TPM 之外，容易受到恶意攻击。

可信计算的首要目标之一是提供一种可信的方法去度量、存储与报告平

台的环境，而作为度量、存储与报告的信任的基点就是 RTM、RTS、RTR。

出于安全考虑，以上 3 个信任根都应当存在于 TPM 中。然而，由于 TPM 缺乏主动控制能力，在可信 PC 中是作为一个被动的安全协处理器来使用，导致 TPM 不可能先于平台启动而控制平台的可信度量过程。因此，TCG 将 RTM 从 TPM 中移出，而放入 TPM 所在平台的 BIOS 中，由系统上电后最先运行的 BIOS 程序充当 RTM，控制平台的可信度量。

这种方案虽然能够较好地完成可信 PC 的可信度量，但也带来 3 个问题：其一，RTM 作为一个存储在 TPM 之外的软件模块，处于 TPM 的安全边界之外，无法受到 TPM 的硬件保护，容易受到恶意攻击；其二，可信计算平台 RTS 和 RTR 在 TPM 中，而 RTM 在 BIOS 中，这样就造成可信平台的信任根需要依赖两个实体的共同作用，扩大了可信计算基（Trusted Computing Base，TCB）的范围，出现安全漏洞和缺陷的可能性更大；其三，RTM 与 TPM 的分离，导致需要设计一套复杂的交互协议来确保 TPM 与 RTM 交互的安全性，这增加了系统的负担和 TPM 设计的复杂性。

因此我们认为，在 TPM 的进一步研究中，若能够将 RTM 放入 TPM 内，就能够更好地保护 RTM 的安全，缩小可信计算机 TCB 的范围，并且简化 TPM 中用来与 RTM 交互的设计。

（3）密码机制存在不足

TCG 规范在 TPM 的结构中没有明确设置对称密码。TCG 在规范中一方面说允许采用对称密码，另一方面又多次强调淡化对称密码。众所周知，公钥密码和对称密码各有自己的优缺点，在应用中同时采用这两种密码互相配合，才能发挥更好的安全作用。而 TCG 在 TPM 中只设置公钥密码引擎，不设置对称密码引擎，显然有不足之处。并且，TCG 在 TPM 结构中没有设置对称密码引擎，但在密钥设置时却设置了对称密码密钥。因此，用户只能采用软件方式实现对称密码，这必然导致对称密码的加解密速度不快。

另外，TPM 密钥种类繁多、管理复杂。TCG 采用如此繁多的密钥的主要原因在于 TPM 中采用了公钥密码 RSA，而没有采用对称密码，使得采用公钥密码和对称密码结合很容易解决问题，若只采用公钥密码就必然要麻烦得多。

在通用 PC 中，因为其运算速度快、处理能力强，不管是使用软件实现对称密码加解密或使用种类繁多的 TPM 密钥，都不会严重影响平台的正常运行。但是，移动计算平台、终端电子设备等系统往往对效率有着极高的要

求，再加上该类系统处理器的运算能力往往较低，使用软件实现对称密码加解密将影响效率，严重影响了系统的实时性。

因此我们认为，TPM 应当具备硬件加解密引擎，提高密码运算效率，从而便于 TPM 更加广泛的使用。

（4）TPM 的设计主要面向 PC 平台，对移动计算平台等新的应用场景并不完全适合

随着可信计算的发展，人们逐渐发现 TPM 不仅可以在通用 PC 中使用，也能够有效地提高移动计算平台、终端电子设备等系统的安全性。但是，这些系统具备自身的特点，使得现有 TPM 的使用并不完全合适。

与通用计算机相比，移动计算平台、终端电子设备等系统具备自身的一些特点：该类系统的处理器处理能力和调度能力往往相对较弱；以应用为中心，该类系统往往有特定应用场景；硬件设计自由，该类系统的硬件往往可以自主设计；系统软硬件设计灵活，具有可裁剪性；系统往往对功能、可靠性、成本、体积、功耗等有严格要求。

移动计算平台、终端电子设备等系统的以上特点，使得要将 TPM 运用到该类系统中，必须经过进一步的完善。TPM 的设计要能够解决此类系统中 TPM 与处理器的启动顺序问题，解决对系统总线的占用问题，系统完整性校验时 TPM 应当减轻处理器的负担，系统运行时 TPM 要能够向系统提供高效的密码运算能力（包括非对称密码和对称密码）。

综上所述，目前的 TPM 仍有不足，移动计算平台、终端电子设备等 TPM 的新型应用场景也对 TPM 的研究提出了新的挑战。因此，有必要研究一种新型 TPM，这种 TPM 除了具备 TCG 规范中的基本功能之外，还应该具备一些新的功能与特性，符合 TPM 不断扩展的应用需求。

2.4 扩展可信平台模块

经过分析发现，由于 TPM 成本问题、进出口问题及对市场的迁就等原因，现有 TPM 在设计上还有一些不足之处，其中重要的方面包括 TPM 缺乏主动控制能力、缺乏对称加解密引擎及 RTM 处于 TPM 保护之外，这也造成现有 TPM 尚不完全适合移动计算平台、终端电子设备等新的应用场景。

针对 TPM 的这些问题，我们设计了一种扩展可信平台模块（Extended Trusted Platform Module，ETPM）[68]。ETPM 在传统 TPM 的基础上做了一些

改进，不仅应对了 TPM 面对的新挑战，还增强了 ETPM 所在系统的可靠性，并且作为信任根为可信计算平台的星型信任度量模型[42]提供了支撑，有效减少了信任传递过程中的信任损失。

ETPM 的逻辑结构如图 2–3 所示。

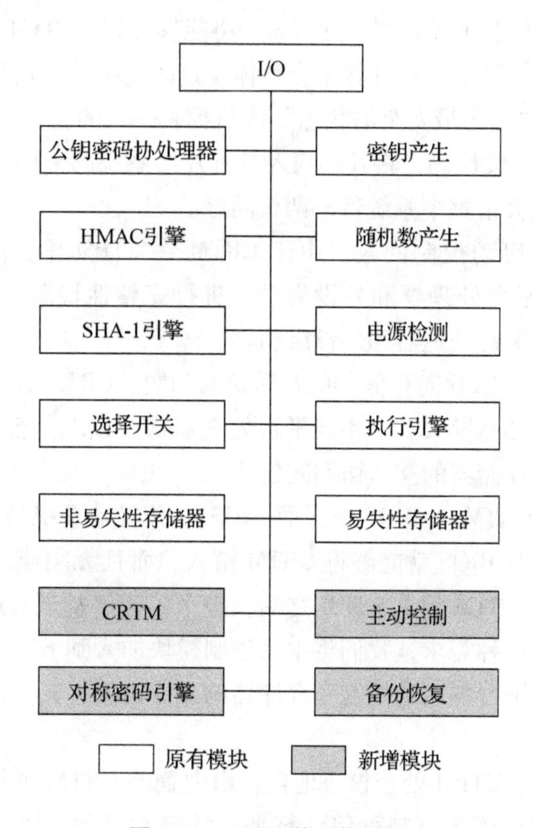

图 2–3　ETPM 的逻辑结构

本设计在原有 TPM 的基础上，将可信度量根核（CRTM）移入到 ETPM 中，并且新增了主动控制模块、对称密码引擎和备份恢复模块。其中，CRTM 作为可信计算平台的 RTM 控制平台的完整性度量；主动控制模块用于提高 ETPM 的控制能力；对称密码引擎提供对称密码的硬件加解密功能；备份恢复模块提高了整个系统的可靠性。详细设计如下。

2.4.1　CRTM 与主动控制

目前，可信 PC 的 RTM 是存在于 BIOS 中的一段特殊代码，被称作

CRTM。CRTM 在平台启动时最先运行，作为平台的 RTM 以信任链的方式对整个计算平台的资源进行完整性度量。本章 2.3 节已经指出，CRTM 作为一个存储在 TPM 之外的软件模块，不但更容易受到攻击，并且增大了可信计算平台的可信计算基的范围，还增加了 TPM 与 CRTM 通信的复杂性。

因此，若能够将 CRTM 植入 ETPM，将能够在提高 RTM 安全性的同时，缩小可信计算基，降低可信计算平台整体设计的复杂性，这与信息安全领域“以最简单的方法达到最安全的状态”的目标是一致的。

CRTM 作为一段代码，将其移植入具有片上系统的 ETPM 并不困难，但是 CRTM 的植入会给整个系统带来两个问题。

一是平台的启动控制问题。由于 CRTM 在 ETPM 中，因此在上电后，ETPM 必须先于平台处理器和外设启动，进行完整性检验。在 TPM 校验通过后，才能允许平台处理器和外设启动。

二是 ETPM 与 CPU 对存储器的互斥访问问题。CRTM 在 ETPM 内部进行完整性校验，就必然导致 ETPM 与平台处理器都要读取外部存储器的数据，这就存在一个对存储器的互斥访问问题。

传统 PC 的 CRTM 在 BIOS 中，而 BIOS 本身就是系统最先启动的部分，因此，只需要修改 BIOS 就能够将 CRTM 植入，而且无须修改计算机的启动顺序。但是在将 CRTM 植入 ETPM 之后，整个信任链扩展过程需要由 ETPM 控制执行。针对这种需求，我们将主动控制模块加入到 ETPM 的设计中，主要负责可信计算平台的启动控制和存储器的互斥访问，其工作方式如图 2-4 所示。

在本设计中，ETPM 处于核心地位，由内置的 CRTM 进行系统完整性校验，主动控制模块用于控制可信计算平台的启动过程，协助 ETPM 与 CPU 对外部存储设备的互斥访问，并在检测到系统遭受非法篡改之后控制备份恢复模块对系统进行恢复。

为了便于进行启动控制和总线仲裁，我们在主动控制模块中定义了两个寄存器：控制寄存器（CR）、状态寄存器（SR）。

（1）控制寄存器

7	6	5	4	3	2	1	0

0：复位信号，低有效；

1：系统启动；

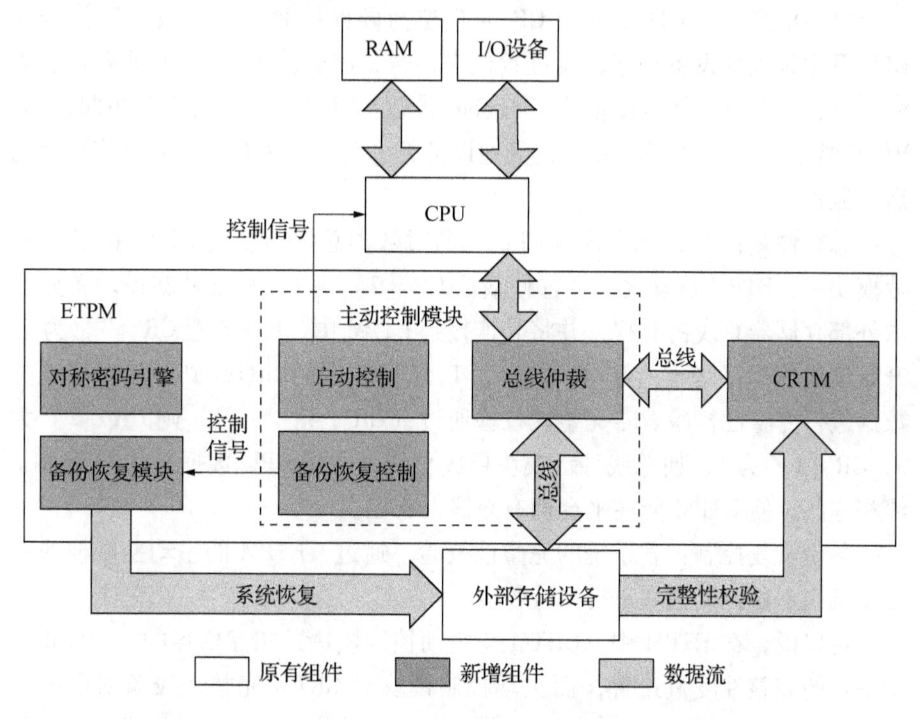

图 2-4　ETPM 的主动控制

2：仲裁信号；

3：读外部存储器开始；

4：校验完成；

5：写外部存储器开始；

6：启动失败。

（2）状态寄存器

7	6	5	4	3	2	1	0

0：校验数据准备好；

1：完成读外部存储器；

2：校验开始；

3：写外部存储器完成；

注：以上所有寄存器位除复位信号外，都是高有效。

主动控制模块各部分的工作过程如下。

启动控制：以 ETPM 中的 CR 的 0 位为硬件控制信号，该控制信号与 CPU 及主板其他设备相连，通过置位该信号，能够使 CPU 处于重启状态无法工作，并可以使其他设备处于 unable 状态。因此，在系统启动初期，ET-PM 正常工作，并使 CPU 和主板其他设备无法启动，从而确保了可信平台的启动流程。

总线仲裁：外部存储器和 CPU 均通过数据总线连接到 ETPM 的总线仲裁模块中，ETPM 启动之后，置仲裁位 CR［2］为 1，总线仲裁模块首先获取外部存储器总线占有权，并将其连接到 ETPM 中，ETPM 置 CR［3］为 1，开始读取外部存储器，若 SR［2］为 1，ETPM 中的 CRTM 则开始对获取的数据进行完整性校验。若完整性校验通过（CR［4］为 1），则 CR［2］为 0，CR［1］为 1，使总线仲裁模块释放总线，并将 CPU 数据总线与系统总线相连接，使 ETPM 所在平台拥有总线占有权。

备份恢复控制：若系统的完整性校验不通过，ETPM 的主动控制模块将自动调用备份恢复模块进行系统恢复。

可以说，在 ETPM 中，CRTM 与主动控制模块是相互依存的，CRTM 控制平台的完整性度量过程，而主动控制模块对 CRTM 完整性校验所需的系统启动控制与总线互斥访问提供支撑，并在系统校验不通过的情况下通知备份恢复模块进行系统恢复。

2.4.2 备份恢复

根据“可信≈可靠+安全”的学术思想[1]，ETPM 中加入了独有的备份恢复模块，该模块提高了整个可信计算平台的可靠性。在系统被非法更改之后，ETPM 的备份恢复模块会在系统启动时进行检测，发现异常会立即将系统关键数据恢复，防止系统被篡改。

我们对 TCG 规范所规定的 TPM 结构进行了扩展，在 ETPM 的安全边界内添加一个受物理保护的系统备份存储器，将平台引导程序和部分操作系统关键数据存储在内。ETPM 在可信平台启动之前对其引导程序代码和部分操作系统关键代码进行完整性校验。若校验未通过，则认为以上内容被篡改，ETPM 使用总线仲裁机制获取总线控制权，并从受保护的备份存储器中读取标准可执行代码，将其写入平台外部工作用存储器。在写入后将再次进行完整性校验，若通过校验，表明系统恢复成功，ETPM 将交出总线控制权，允许计算机系统启动。

ETPM 备份恢复如图 2-5 所示。

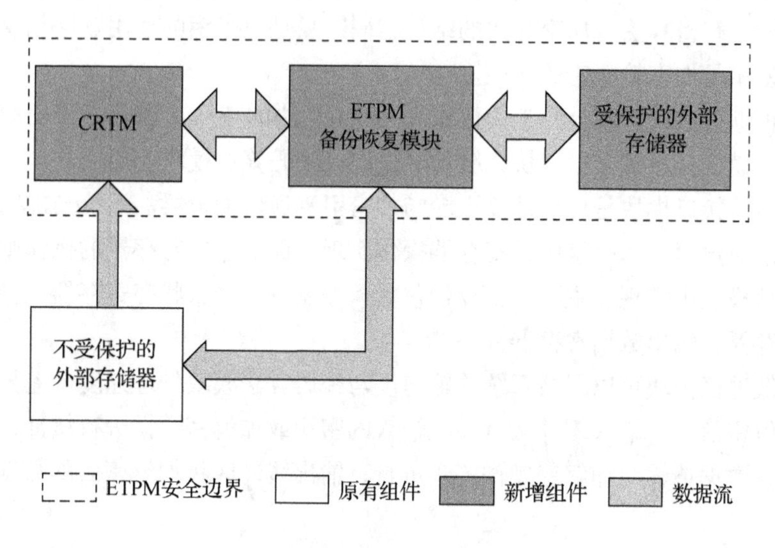

图 2-5 ETPM 系统备份恢复

ETPM 备份恢复能力的引入，增强了平台的持续工作能力和抗篡改能力。与现有的技术相比，该方式还有如下优点：由 ETPM 作为系统的可信根，对可执行代码进行完整性校验，同时为备份存储器提供受保护的安全存储环境。ETPM 拥有计算机总线控制权（图 2-5），在进行完整性校验和系统恢复的过程中不会受到外部干扰。

除此之外，ETPM 的备份恢复能力使其能够作为信任根支持“具有恢复能力的星型度量模型（见本书第 3 章）”，并为其提供安全存储空间，用于关键数据的备份、存储与恢复。

2.4.3 对称密码引擎

为了满足可信计算平台对称加解密的需求，本章在 ETPM 内部设计了硬件对称密码引擎，为上层应用提供对称密码加解密服务。这使得 ETPM 中同时具备对称密码和非对称密码加解密能力，从而在 ETPM 使用过程中，得以将这两种密码互相配合，发挥出更好的安全作用，也弥补了原有 TPM 中只设置非对称密码，却没设置对称密码所引起的不便。

本设计使用 SMS4 对称密码算法。该算法是 2006 年 1 月我国官方公布的第一个商用密码算法。该算法是一个迭代型分组算法，分组长度为 128

位，密钥长度也为128位。加密算法与密钥扩展算法都采用32轮非线性迭代结构。解密算法与加密算法的结构相同，只是轮密钥的使用顺序相反，解密轮密钥是加密轮密钥的逆序。

根据可信计算平台的工作要求和SMS4算法的特性，加密引擎的设计分为3个模块：系统接口模块，缓冲区模块，密码算法模块。

系统接口模块是可信计算平台与加密引擎通信的桥梁。系统与加密引擎的通信通过对加密引擎中的寄存器操作实现，而对这些寄存器的操作则在系统接口模块中实现。主要的寄存器包括：控制寄存器、状态寄存器、输入数据寄存器、输出数据寄存器。

缓冲区模块可以屏蔽系统传输速度与密码算法模块处理速度的差异，提高加解密效率。输入缓冲区将系统输入的密钥或加解密数据进行缓冲，可以使系统数据传输与加解密操作同步进行；输出缓冲区将加解密后的数据进行缓冲。

密码算法模块使用硬件实现标准SMS4算法。该算法为分组密码算法，容易硬件实现，并且具备较高的运算速度。

ETPM的对称密码引擎支持硬件加解密，具有方便灵活、运算速度快的优点。考虑到我国的密码政策问题，ETPM中目前配备的是SMS4对称密码算法，如果实际情况需要，可将ETPM中的对称密码置换为AES、3-DES等算法。

CRTM的植入、主动控制能力、对称密码引擎和系统备份恢复能力的增加，使得ETPM更符合TPM丰富的应用环境。除此之外，ETPM还具备传统TPM的所有功能：ETPM内部包含执行引擎、存储器、I/O、2048位RSA密码引擎、随机数产生器等部件，可以很好地完成加密、签名、认证、密钥产生等安全功能。

2.5 系统实现与分析

目前，我们已经设计并实现出ETPM的原型系统，并将其作为信任根，在可信PDA中进行了实验验证。

2.5.1 ETPM原型系统

在ETPM的搭建过程中，由于受到现有实验条件的制约，我们无法直接

制作 ETPM 芯片，因此我们将安全密码芯片 J2810 作为 ETPM 的基础，通过 FPGA 与该安全密码芯片的结合，完成 ETPM 设计的功能。

2.5.1.1 安全密码芯片 J2810

J2810 是瑞达公司研发的安全密码芯片。J2810 中的多体制密码引擎支持大数模幂乘运算，可作为 RSA、DSA、ECC 等公钥算法的协处理器。利用 J2810 中集成的安全功能，可以增强现有应用中设备的安全、可信计算能力和可信认证能力。

结合 TPM 在体系结构安全、指令安全、加解密算法安全、数字签名与认证等多方面的需求，J2810 在构建 TPM 时具备以下特点与优势。

（1）芯片级的安全体系结构

J2810 安全密码芯片采用 16 位的 RISC CPU，运算速度快、指令精简，指令系统能够与 Intel 80168 兼容。在 CPU 的设计过程中将操作系统和用户区、普通堆栈和安全堆栈、用户跨行业的应用区间进行物理隔离，确保用户信息使用和存储的安全性。

（2）安全状态机制和安全指令集

在硬件安全体系结构基础上，采用了 SOSCA 结构。SOSCA 能够在发现指令越界时自动产生中断，阻止越界行为的发生，从而确保数据的安全。除此之外，用户嵌入式操作系统可将芯片工作方式设置成系统模式或用户模式，同时利用安全状态机制来管理硬件资源。

（3）硬件支持 RSA 公钥密码算法

J2810 内嵌 RSA 密码协处理器，这一点与 TCG 规范中的 TPM 一致。

（4）硬件实现数字签名和认证运算

J2810 可采用 RSA/ECC 作为数字签名算法，采用 SHA-1 作为 Hash 算法，能够实现传统 TPM 对数字签名和 Hash 的需求。

（5）接口灵活，便于扩展

提供多种具有国际标准的接口，如 ISO7816、USB、RS232 等，可以灵活地与其他部件整合，这为我们在 J2810 的基础上对其进行扩展实现 ETPM 提供了充足的接口。

（6）真随机数产生器

J2810 安全密码芯片内置真随机数发生器 RNG，采用强反型的 MOS 半导体的沟道热噪声产生随机特性好的真随机数，为数据加解密应用提供了显著的安全特性。

（7）具备片上操作系统，支持系统扩展

J2810 具备片上操作系统，并且支持系统扩展。这使得我们能够将可信 PC 中置于 BIOS 的 CRTM 移植到 J2810 中，从而将 RTM 置于 ETPM 内部。

由以上功能特点可以看出，J2810 可以很好地实现传统 TPM 的需求（I/O处理、密码协处理器、密钥产生器、随机数产生器、SHA-1 引擎、电源检测、非易失性存储器等）。由此可见，利用 J2810 平台构建 ETPM 是完全可行的。

2.5.1.2　ETPM 原型系统

通过上文分析可知，J2810 可以用于构建 ETPM。虽然 J2810 本身仍然不具备主动控制能力，也不具备对称加解密引擎和备份恢复能力，但是 J2810 丰富的接口为进一步扩展 J2810 提供了可能。并且，J2810 的可编程特性使得我们能够将 CRTM 移植到 J2810 中，从而使其同时具备 RTM、RTS 和 RTR。

因此，我们采用 FPGA 与 J2810 相结合的方式，构建 ETPM 原型系统。ETPM 内部构造如图 2-6 所示。

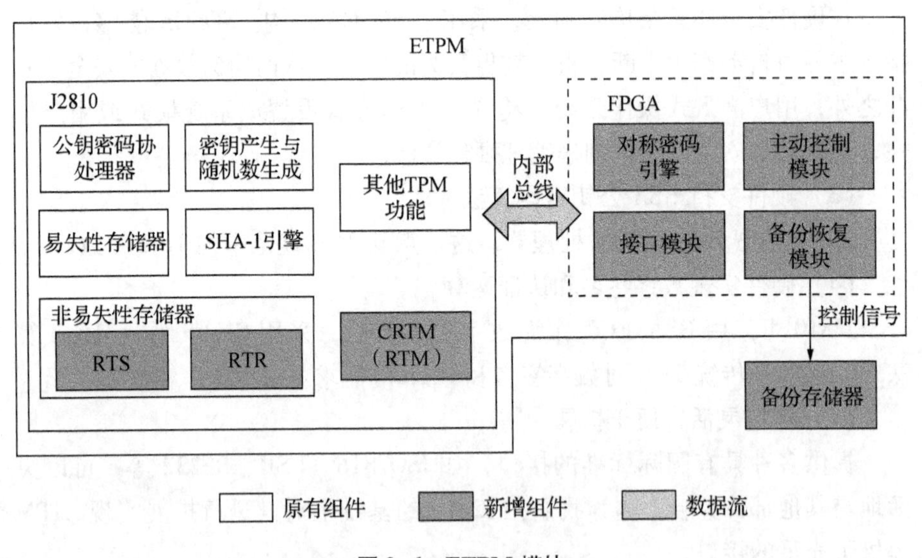

图 2-6　ETPM 模块

J2810 安全密码芯片在完成传统 TPM 的相关功能（如公钥密码协处理器、密钥产生器、随机数生成器、SHA-1 引擎等）的基础上，内部植入了用于可信计算平台完整性校验的 CRTM，用于主动向平台发起可信度量。除

此之外，J2810 的非易失性存储空间能够提供安全存储功能，进而集成了传统 TPM 的 RTS 和 RTR。

主动控制、备份恢复及对称密码运算能力是 ETPM 的重要特点，而这些功能单靠 J2810 安全密码芯片无法完成。因此，我们用一块 FPGA 作为 J2810 的扩展，负责完成这些功能，并根据 ETPM 的使用需要，在 FPGA 中提供 ETPM 的对外接口。

需要指出的是，ETPM 与一个备份存储器相连接，用于备份可信计算平台的关键数据。从 ETPM 的成本考虑，我们并不要求该备份存储器必须处于 ETPM 内部，但备份存储器必须受到 ETPM 的保护，不能够被外界篡改。ETPM 对外连接方式及 ETPM 的使用实例见下节。

2.5.2 ETPM 在可信 PDA 中的应用

在完成 ETPM 的搭建之后，我们将其应用于可信 PDA 这一移动计算平台中进行测试，取得了较好的效果。

在可信 PDA 中，启动引导程序和操作系统的二进制可执行代码都存在外部存储器（NandFlash）中。因此，在可信 PDA 的启动过程中，要解决以下问题：

①上电后，TPM 必须先进行完整性检验，此时 PDA 还不能启动，在 TPM 校验通过后，PDA 开始启动；

②TPM 要读取外部存储器的数据进行完整性校验，这样就存在两个设备需要访问外部存储器：ARM 和 TPM，因此要对外部存储器的总线进行仲裁。

由于缺乏启动控制能力和总线仲裁能力，传统的 TPM 难以解决以上两个问题。但是 ETPM 的设计与实现，解决了这两个难题。

ETPM 与可信 PDA 原型系统模块关系如图 2-7 所示。

ETPM 中集成了 RTM、RTS 和 RTR。处理器通过 ETPM 与外部存储设备相连接，在 ETPM 的控制之下进行平台的可信启动。

两块存储器 NandFlash A 和 NandFlash B 通过 ETPM 与 ARM 相连。其中，NandFlash A 作为系统默认存储器，NandFlash B 作为备份存储器（该芯片受到 ETPM 保护，只能读不能写），如果 ETPM 检查出 NandFlash A 中的内容被非法改动，将自动使用 NandFlash B 进行恢复。

除此之外，ETPM 与指纹识别模块相连接，用于判断使用者身份，并能

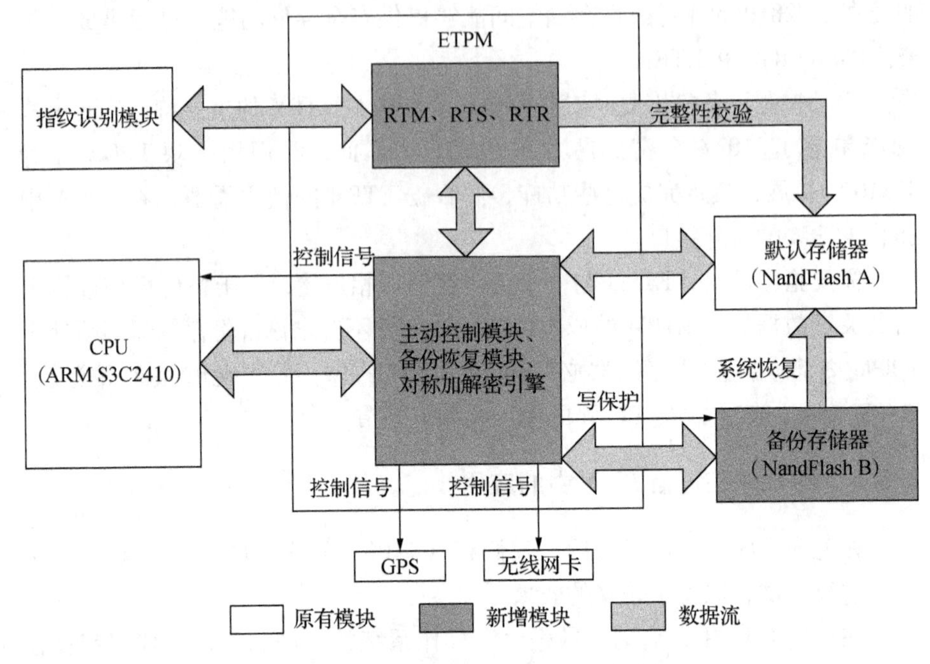

图 2–7　ETPM 与可信 PDA 原型系统

够根据使用者身份的不同，通过控制信号控制 GPS 和无线网卡的工作状态。这也体现出了 ETPM 对系统资源的控制能力。

在可信 PDA 中，平台作为从机，由 ETPM 控制计算机系统的启动过程（详见本书第 3 章）：平台启动之前，ETPM 对引导程序、操作系统分别进行完整性测量，并将该次完整性测量结果与 ETPM 中预先存储的完整性度量值进行比较，判断其是否可信，只有被 ETPM 判定为可信的代码才能执行。ETPM 还支持应用程序扩展，可对重点应用程序提供信任链扩展功能。在完整性验证过程中如果出现错误，ETPM 将自动调用备份恢复模块，进行系统恢复。

系统通过完整性验证之后，ETPM 允许 CPU 运行，可信 PDA 正常启动、工作。在此后的系统运行过程中，ETPM 仍处于监控状态，发现异常情况可以随时终止可信 PDA 系统对外部存储器设备的读写，并可控制无线网卡、GPS 等外设的使用。

在可信 PDA 的使用过程中，当需要对称加解密时，ETPM 自动调用 SMS4 引擎进行加解密。该引擎加密块大小为 512 B，处理速度近 8 MB/s。

从可信 PDA 的可信启动过程和加解密引擎的使用可以看出，ETPM 在加入主动控制模块和备份恢复模块之后，其控制能力有了较大提高，这些功能与 ETPM 内部的 RTM 相呼应，能够很好地实现可信 PDA 的可信启动。同时，高速硬件对称加解密引擎加快了对称加解密速度。

2.5.3 实验结果分析

本实验将 ETPM 应用到具体平台中，实现了在 ETPM 控制下可信 PDA 的可信启动。通过实际系统的测试，证明该 ETPM 可以正确完成设计的功能。下面将从 ETPM 特点、执行效率方面对实验进行分析。

2.5.3.1 ETPM 特点

在本设计中，ETPM 在系统启动过程中处于核心地位，它可以方便地通过主动控制模块实现计算平台的可信启动。与传统 TPM 相比，本设计主要特点见表 2-2。

表 2-2 ETPM 与 TPM 比较

比较项	ETPM	传统 TPM
RTM	内置	外置
主动控制能力	强	无
对称加解密引擎	有	无
可靠性	高	较高

①ETPM 内部集成 RTM：ETPM 内置 RTM，因此可信计算平台的整个完整性度量不需要依赖任何 ETPM 之外的实体控制。这种方法增强了 RTM 的安全性，并且有效降低了 RTM 外置所带来的控制主体之间的复杂交互。

②主动控制能力强：ETPM 具备的启动控制与总线仲裁能力，使得 ETPM 能够方便、灵活地控制可信计算平台的启动。与传统可信 PC 仍需依赖 BIOS 中的 CRTM 服从原有启动顺序不同，ETPM 能够在完全不依赖任何其他主控实体的情况下独自控制完成计算平台的可信启动。

除此之外，ETPM 具备对平台资源进行控制的功能。ETPM 灵活的接口与控制信号，便于对平台资源进行控制（如可信 PDA 中的 GPS 与无线网卡）。这些措施符合我国“安全、可控”的信息安全政策，增强了可信计算平台的安全性。

③硬件对称加解密引擎：本设计将对称加解密引擎引入 ETPM，使其具备独立对称加解密能力。这种设计优化了可信计算平台对称密码的运算能力。

④可靠性高：ETPM 具备备份恢复能力，使可信计算平台核心程序在遇到非法改动时能进行自动恢复，有效提高了 ETPM 所在可信计算平台运行的可靠性。

可信 PC 并没有考虑 CRTM 的内置问题和对平台的主动控制问题，而是采用了 TPM 和 CPU 同时启动的可信根扩展方法[83]。这种方法是对现有 PC 产品的一种妥协，使得对 CRTM 的保护和对 BIOS 的度量都难以实现，这是目前可信 PC 的一个不足之处。

我们的设计使 ETPM 得以突破传统 TPM 的限制，成为主设备控制计算机系统，使系统具有良好的扩展性。同时，平台启动控制、完整性度量、系统总线互斥访问和外设控制等功能都得以直接由 ETPM 完成，而无须其他部件参与，更为安全、可靠。因此，该设计使得 ETPM 更符合 TPM 灵活多变的应用环境，增强了 RTM 的安全性，并且解决了可信计算平台的处理器与 TPM 共存时对系统的控制问题。

由以上分析可知，ETPM 具备安全性高、主动控制能力强、密码配置丰富及能够有效提高所在可信计算平台可靠性的特点。目前，ETPM 的设计已经得到了认可，ETPM 及其计算机启动控制方法已经获批两项国家专利：ZL200910061132.4、ZL200710053330.7。

2.5.3.2　执行效率分析

在本实验中，ETPM 通过内置的 RTM 和主动控制模块来控制可信计算平台的启动流程。由于在启动过程中，需要对底层配置进行完整性校验，这一校验过程的时间要求不能太长。如果过长，虽然能完成校验功能，但是也失去了应用的意义。

在可信 PDA 的 CPU 启动之前，需要对可信 PDA 系统的引导程序和操作系统内核进行验证。需要验证的程序大小大约为 1 MB（67 kB 的引导程序和 824 kB 的操作系统内核）。通过实际验证，本实验系统整个启动流程所花费的时间小于 1 s，对于可信 PDA 这一应用对象来说，这一速度完全足够。

ETPM 内部硬件实现了 SMS4 对称密码加解密引擎。经测试，该引擎的执行速度达到 8 MB/s。为了与软件加解密进行对比，本次实验还在可信 PDA 中软件实现了 SMS4 算法，经测试，软件版本速度为 77.81 kB/s。可

见，ETPM 内部的硬件对称加解密引擎大大提高了加解密速度。

由效率分析可知，ETPM 执行效率高，对嵌入式系统的启动和使用基本没有影响，证明了 ETPM 设计的高效性。同时，通过可信 PDA 的实际使用，证明了该设计的实用性。

2.6 小 结

本章首先详细介绍了 TPM 的设计目标、结构及 TPM 内部的密码与密钥设置，然后在对其进行深入分析与理解的基础上，提出现有 TPM 存在的不足：缺乏主动控制能力、RTM 处于 TPM 之外容易遭受攻击、缺乏对称密码引擎、其设计主要面向 PC 平台而对移动计算平台等新的应用场景并不完全适合。

针对传统 TPM 存在的不足，我们设计了 ETPM。ETPM 与传统 TPM 相比，具备主动控制能力，内部集成了 RTM 和对称密码引擎，并且能够支持可信计算平台关键数据的备份恢复。因此，该模块在弥补了传统 TPM 不足的同时，还增强了所在可信计算平台的可靠性，体现出了“可信≈可靠 + 安全”的学术思想。

根据理论联系实际的指导思想，我们实现了 ETPM 原型系统，并将其成功应用到可信 PDA 中。实际使用与分析证明，ETPM 的设计是实用、高效、可靠、安全的。

3 具有数据恢复能力的星型信任模型与可信启动研究

第2章我们已经对可信平台的信任根展开了研究，并提出了一种扩展的可信平台模块。要确保可信计算平台的可信启动与运行，仅有信任根是不够的，还需要将信任关系从信任根扩展到整个可信计算平台。在可信计算领域的研究中，可信计算平台正是通过信任链完成信任的扩展过程，因此有必要对信任链这一可信计算平台的关键技术展开研究，进而与信任根相结合，确保计算平台的可信启动。

本章内容来源于作者论文[42,68,84]。

3.1 引 言

可信是由信任主体对信任客体的信任进行度量和验证之后得到的是否可以信任的结论。可见，可信本身就包括了信任度量和可信性验证这两个重要过程。信任度量与可信性验证涉及的因素广、包含的方法多，国内外专家学者已经开展了大量研究。因此，为了深入研究可信计算平台的信任扩展过程，先需要对现有的信任度量理论进行研究与探讨，并归纳出可信性验证的一般方法，作为本章可信计算平台信任链研究的理论基础。

在可信计算平台中，信任链机制是信任度量模型与可信性验证方法的具体实施方案。可以说，信任链这一可信计算的关键技术实现了从信任度量与验证理论研究到可信计算平台信任扩展实践的映射，具有重大意义。目前，可信计算领域对信任链技术的研究已经取得了一些研究成果，我们也在第1章中介绍了TCG在可信PC规范中采用的信任度量模型及其相应的信任链技术[25,28]。

TCG的信任链已经在可信PC中得到了广泛使用，它既能够对平台的可信性进行度量，对度量的可信值进行安全存储，还能够在访问客体询问主机可信性时提供可信报告。现有的信任链能够较好地体现出可信计算的度量、

存储、报告机制，并且利于与现有 PC 兼容。但是随着可信计算的发展，TCG 的信任链也已经体现出一些不足。本章在对信任链进行深入分析的基础上，总结出现有信任链技术的不足，并针对这些不足，提出一种具有数据恢复能力的星型信任模型。

综上所述，本章本着理论联系实际的思想，对信任链这一可信计算平台关键技术展开研究。可信计算平台的可信启动通过信任链将信任从信任根扩展到整个可信计算平台，其关键就在于信任的度量和对可信性的判断。因此，本章 3. 2 节首先从理论角度探讨信任度量模型，并在 3. 3 节归纳出可信性验证的一般方法；在理论研究的基础上，3. 4 节对其在可信计算平台的具体体现——信任链展开研究；3. 5 节总结出 TCG 信任链技术的不足；针对这些不足，3. 6 节提出一种具有数据恢复能力的星型信任结构；3. 7 节结合本章提出的 ETPM，给出星型信任链的一个具体应用——可信 PDA 安全启动；3. 8 节对本章进行小结。

3. 2 信任度量模型

信任存在于人类生活的方方面面，信任这一社会学概念的本身具有主观性、复杂性和模糊性，而计算机技术相关的概念往往又具有确定性。因此，学者们在把信任这一概念引入计算机领域的研究之后，首先要面对的问题就是如何界定“信任”，以及如何判断“信任”的程度，这就是信任度量问题。目前用于组件间信任度量的主要信任模型可以分为两类[85]：基于策略的信任模型和基于声誉的信任模型。

3. 2. 1 基于策略的信任模型

基于策略的信任（Policy-based Trust）指在考虑信任问题时主要关注与之相关的策略。这类模型的主要代表性研究包括：X. 509、PGP、PolicyMaker、KeyNote 等。

X. 509 的信任模型[86,87]关注于通过对数字证书的管理来实现访问控制策略。X. 509 假设可信第三方或证书中心生成分层的数字证书，以此形成一个层次信任模型。可信第三方根据用户的不同身份为用户颁发不同层次的证书，在进行验证时，验证者能够在验证证书真实性的同时，验证证书所有者所处的信任模型的层次，进而判断对证书所有者的信任。PGP 信任模型[88]

主要用于电子邮件应用，根据不同用户的公钥信息建立信任关系。在 PGP 中，用户对其他公钥的信任程度包含 4 种：未知、不信任、部分信任和信任。这种信任的多等级划分方式相较二值划分方式（要么信要么不信）更符合实际情况。

Blaze 等人在信任管理概念的基础上实现了 PolicyMaker 信任管理系统[89-92]。PolicyMaker 的优点在于其核心一致性证明验证算法能够独立于应用，具备一定的通用性。但是 PolicyMaker 在最初设计时其内部并未包含信任凭证的收集，这部分功能需要由应用系统来完成，这就造成应用系统的额外负担，并且凭证收集的好坏严重影响到 PolicyMaker 内部一致性证明的结果。

为了弥补 PolicyMaker 存在的缺陷，Blaze 团队对其进行了一些改进，进一步提出了 KeyNote[93-95]。KeyNote 将原本由 PolicyMaker 外部应用系统完成的部分工作集成到信任管理引擎中，从而减少了外部应用的开销，降低了对应用系统的依赖性。但是 KeyNote 在对 PolicyMaker 进行上述改进的同时，也缩小了其解决问题的范围，它解决的问题只是 PolicyMaker 的一个子集。

以上这些信任模型在处理复杂的信任关系时，将其转化为相对容易判断的“证据”。这种证据可以是证书，也可以是其他的系统凭证信息。基于策略的信任模型容易实现，但是往往不能体现出“信任”所处的上下文环境对判断所起到的影响，也体现不出“信任”的主观性。

3.2.2 基于声誉的信任模型

“可信”的判断既取决于信任主体的主观因素，又会受到信任客体自身信息的客观因素影响，还可能与其他信任主体对同一信任客体的历史判断有关。因此，研究者提出了基于声誉的信任模型。该类模型将系统之外的、与信任客体相关的公共信息引入信任的度量过程。这类对信任度进行计算或推测的方法主要包括加权平均法、Beta 分布信任计算、经验推荐信任模型、主观逻辑信任模型等。

3.2.2.1 加权平均法

目前大多数信任系统，特别是对等网络中的信任系统都采用加权平均法计算实体之间的信任值[96]。加权平均法计算方式较简单，并且易于实现，因此已经被广泛应用于 eBay、淘宝等商业网站的信任评估系统。加权平均法的计算方法如下所示：

$$t_{IJ} = \alpha(\beta R_d + (1 - \beta) R_r) - \gamma R_i \tag{3-1}$$

其中，t_{IJ}表示实体 I 对实体 J 的信任值，R_d 是根据实体 I 与实体 J 之间的交互计算出的直接信任值，R_r 是实体 I 根据其他实体对实体 J 的推荐信息计算出的间接信任值，R_i 是交互风险值，α、β、γ 分别表示不同的权重系数。

3.2.2.2 Beta 分布信任计算

Beta 分布常用来描述二元事件的发生特征，因此在计算信任度时，可以与声誉的正负面二元性相结合。基于这种思想，Audun Jøsang[97] 和 Jigar Patel[98] 均提出了基于 Beta 分布的信任计算模型。Beta 分布的概率密度分布函数为：

$$beta(p \mid \alpha,\beta) = \frac{\Gamma(\alpha + \beta)}{\Gamma(\alpha)\Gamma(\beta)} p^{\alpha-1}(1 - p)^{\beta-1}, 0 \leqslant p \leqslant 1, \alpha,\beta > 0 \tag{3-2}$$

其中，p 是二元事件中“0 事件”或“1 事件”发生的概率，α 和 β 是决定密度函数分布形状的两个参数。由于 p 能用于表示评价为正面性的不确定性概率，因此，Audun Jøsang 和 Jigar Patel 均用 p 的期望值 $E(p) = \alpha/(\alpha + \beta)$ 作为一个实体的信任值。基于 Beta 分布的信任计算模型为信任的计算提供了理论根基，但也存在复杂性过高的缺点。

3.2.2.3 经验推荐信任模型

Beth 等人将“经验”这一历史数据引入信任模型的研究[49]，并提出了直接可信和推荐可信的概念。该模型将“经验”分为肯定经验和否定经验，通过肯定经验计算目标的直接信任度：

$$v_z(p) = 1 - a^p \tag{3-3}$$

其中，a 表示实体成功完成任务的期望，p 表示肯定经验。在计算推荐信任度时，将肯定经验与否定经验相结合：

$$v_r(p, n) = 1 - a^{p-n} \tag{3-4}$$

其中，a 表示实体成功完成任务的期望，p 表示肯定经验，n 表示否定经验。

在以上基础上，Beth 模型针对（3-5）推荐的多路径特点，给出了基于多路径推荐的信任度计算公式：

$$V_{\text{com}} = \frac{1}{n}\sum_{i=1}^{n} V_i \tag{3-5}$$

其中，V_i 是第 i 个路径给出的推荐信任度。该模型的优点是考虑到了信任的多路径推荐问题，能够将“经验”这一描述目标历史状态的概念引入信任

度的计算中。但是，该模型在计算最终信任度时采取了较为简单的算术平均方式，导致“恶意推荐”现象会对该模型信任度的计算结果产生较大影响。

3.2.2.4 主观逻辑信任模型

信任具有主观性，因此，Audun Jøsang 提出了一种基于主观逻辑的信任模型[97,99-103]。该模型在“相信”与“不相信”的基础上又加入了一个“不确定”的新分量，用一个三元向量（b，d，u）来表示对信任客体的看法（Opinion）。这里的 Opinion 指的就是信任度。

在（b，d，u）中，b 表示相信（Belief）的程度，d 表示不相信（Disbelief）的程度，u 表示不确定（Uncertainty）的程度。其中，$b,d,u \in [0,1]$，并且 $b+d+u=1$。因为有不确定分量的存在，因此该模型可以用来描述“不确定现象”，而又因为信任度量中的“不确定现象”往往是由信任主体的主观意愿导致的，所以，Audun Jøsang 将其称之为“主观逻辑信任模型”。

主观逻辑信任模型的优点是将“不确定性”引入信任的度量中，这是符合实际情况的。例如，实体 A 对实体 B 一无所知，那么 A 对 B 的信任关系就会呈现出不确定的状态。但在实际使用中，该模型仍然存在复杂性过高的问题。

3.2.3 分析

通过对以上信任模型的分析可知，基于策略的信任模型往往更加针对信任客体本身的特性（如实体身份和实体行为）进行可信度量，并且将其与访问控制策略相结合。该类模型中的许多实例已经投入应用。

基于声誉的信任模型往往强调的是一段时间之内信任客体体现出的状态。这类模型在交互环境中以经验或推荐信息来计算信任客体完成某任务的成功概率，用于描述信任主体对信任客体的信任程度。由于这类模型往往与复杂的数学模型联系紧密，因此，许多非常好的信任度量模型受限于复杂性，还未能应用到实际系统中。

3.3 可信性验证

信任度量模型主要用于解决对“信任”这一概念的量化问题，而“可信”不仅包括对信任程度的量化，还包含对信任客体是否“值得信任”的

判断，这就是可信性的验证问题。虽然在一些信任模型中包含了信任的验证，但它们并没有研究可信性验证的一般性问题。因此，本节在信任模型的基础上讨论可信性验证的一般性方法。

我们认为，可信性验证是信任主体对信任客体进行可信判断的重要环节，指的是信任主体获得信任客体的信任依据后，与信任主体对信任客体的信任期望进行比较，进而得出信任客体是否可信的过程。可信性验证的过程可以用下式表述：

$$J = f(proofs, expect) \tag{3-6}$$

其中，*proofs* 是信任主体得到的信任客体的信任依据。此处的信任依据可以是基于策略的信任模型中得到的信任客体的身份或行为证明，也可以是基于声誉的信任模型所计算出的信任度。*expect* 是信任主体对信任客体的可信期望，该期望可以是某个特定身份，可以是一组行为序列，也可以是一个确定的信任度的值。函数 f（）是通过比较 *proofs* 与 *expect*，得出可信性验证结果的过程。J 是信任主体对信任客体是否可信做出的判断结果，它可以是可信或不可信的二元布尔值，也可以是可信、不可信或选择性可信的多元化值。

3.3.1 自保验证、他保验证与混合验证

从可信性验证的定义和公式（3-6）可以看出，可信性验证需要基于信任主体所掌握的信任客体的信任依据。从信任依据的来源来看，这些依据可以是信任主体自己获取的，也可以是其他主体协助信任主体获取的（如推荐）。因此，按照信任依据的来源不同，可以将可信性验证分为自保验证、他保验证与混合验证。

定义 3-1：如果信任客体的信任依据全部由信任主体直接获取，而不依赖于任何其他主体对目标信任客体的信任依据，并且在可信性验证过程中信任主体始终相信自己获取的信任依据，那么称此可信性验证过程为自保验证。

在信息系统中，自保验证只涉及信任的双方，具有更高的安全性，因此更适合系统初始组件之间的可信性验证，能够用于可信计算基的构建和引用监控器的设计。例如，在计算平台的启动过程中，平台的信任根通过自保验证对其所在平台的关键配置与资源逐步进行可信性验证，从而将信任从平台的信任根扩展到整个可信计算基或平台其他核心部件。

定义 3-2：如果信任主体无法获取信任客体的信任依据，但信任主体可

以获取其他主体所提供的对目标信任客体的信任依据，并通过该信任依据对目标客体进行可信性验证，那么称此可信性验证过程为他保验证。

定义 3-3：如果信任主体能够获取信任客体的部分信任依据，但信任依据不足以进行可信性验证，仍需要借助其他主体所提供的对目标信任客体的信任依据，才能够进行目标客体的可信性验证，那么称此可信性验证过程为混合验证。

他保验证和混合验证需要除信任双方之外的第三方参与，因此，信息的交互更为复杂，牵扯到的安全问题也更多。他保验证和混合验证能够用于检查服务软件的可信性，以及远端计算平台的可信性。

由于自保验证过程只依赖于信任主体自身行为，因此，自保验证是一种可信的验证方式。而他保验证和混合验证由于引入了其他主体行为，因此，这两种验证方式需要依赖其他主体对目标客体信任依据的可信程度。在某些情况下（如信任主体对信任客体一无所知或所知甚少），他保验证和混合验证能够有效用于信任主体对信任客体的验证。但是由于这两种验证方式引入了除信任双方以外的其他实体，并且要求所提供的依据可信，因此，增大了系统的复杂性，降低了可信性验证过程的安全性。

出于以上原因，可信计算在计算平台启动过程中，采取的可信性验证方法为自保验证。在可信计算平台安全启动后，允许计算平台采取他保验证或混合验证对部分应用程序进行可信性验证。

3.3.2 直接验证与间接验证

自保验证、他保验证与混合验证虽然信任依据的来源不同，但都是由信任主体直接对信任客体进行的可信性验证。然而，在可信性验证的过程中可能遇到如下情况：有时信任主体能够直接对信任客体进行可信性验证；有时信任主体无法直接对信任客体进行可信性验证，而需要通过代理对信任客体进行间接验证。这就是直接可信性验证与间接可信性验证[104]。

定义 3-4：如果信任主体能够直接对信任客体进行可信性验证，那么称信任主体验证信任客体可信性的过程为直接验证。

由直接验证的定义可知，直接验证只与进行可信性验证的双方相关，而与任何第三方实体无关，因此这种验证受到影响的概率更小，验证过程较为安全。可信计算平台信任链中前一级实体对后一级实体的校验就为直接验证。

定义 3-5：如果信任主体不能够直接对信任客体进行可信性验证，而需要借助一个第三方主体对目标客体进行可信性验证，那么称信任主体验证信任客体可信性的过程为间接验证。

由间接验证的定义可知，间接验证与验证双方之外的其他实体相关联，信任主体对信任客体的可信性验证需要委托其他实体代理完成。因此，间接验证的可信性建立在信任主体对其他实体信任的基础上。可信计算平台中信任根向上层操作系统信任扩展的过程就是一个间接验证过程。

可以说，直接可信性验证与间接可信性验证的信任对象不同，直接验证始终信任的是信任主体本身对信任客体的判断，而间接验证信任的则是验证代理对信任客体的判断。因此，间接验证体现出了多个信任实体之间的信任传递与延伸，信任链的概念正是基于此提出来的。

定义 3-6：设存在实体集合 $\{S_1, S_2, \cdots, S_n\}$。使得在 $S_i(1 \leqslant i \leqslant n-1)$ 看来，S_{i+1} 是可信的。那么，称序列 $S_1S_2\cdots S_n$ 为一个从 S_1 到 S_n 的信任链。

3.4　信任链

对于可信计算平台而言，信任度量模型和可信性验证方法是理论基础，而信任链是以上理论模型在可信计算平台中的具体实施技术，要研究可信计算平台的信任扩展问题，理论研究与实践技术研究缺一不可。因此，在研究理论模型之后，我们从本节开始，结合可信计算平台深入研究信任链这一可信计算平台信任扩展的关键技术。

3.4.1　研究现状

在信息安全领域，信任链的研究一直是热点。国内外专家学者针对信任链展开了大量研究，并获得了许多代表性研究成果。

Arbaugh 等人于 20 世纪 90 年代提出了“链式”度量和保护的思想，并且基于这种思想提出了 AEGIS 安全引导体系结构[105,106]。该结构的主要特点是修改了主机的 BIOS，并在硬件设备上增加了一块 AEGIS ROM。后来，TCG 提出的链式信任链正是建立在该架构的“链式”完整性度量思想之上，并且也采取了修改 BIOS 以实现完整性校验的方法。

在信任链的研究领域，IBM 公司做出了卓越的贡献。IBM 首先在 2004 年设计并实现了 TPod 体系结构[107]，该体系结构的信任根是 BIOS 的一部分，在此基础上与 BIOS 其他部分、GRUB、操作系统组成一个链式的信任结构，由前一级完成对后一级的完整性度量与验证。这种方法实际上已经与 TCG 的信任链一致。同年，IBM Waston 研究中心进行了进一步研究，并提出了完整性度量架构（Integrity Measurement Architecture，IMA）[108]。IMA 基于 TCG 规范，在 Linux 平台上详细说明了对内核模块、应用层可执行代码、动态链接库和脚本等关键资源的完整性校验方法。IMA 是首个完全按照可信计算标准进行设计，并且实际可运行的完整性度量架构。

卡内基·梅隆大学与 IBM Waston 研究中心针对分布式系统展开可信计算的研究，并于 2005 年联合提出了 BIND 架构[109]。该架构将完整性校验的对象从应用程序代码细化到其内部的关键代码段。为了细化完整性校验的粒度，该架构需要程序员在编写源程序的时候自己决定度量点，并且在选定的度量点插入 BIND 提供的专用函数入口。这种方法的优势是利用了程序员对源程序的熟悉性，在细化校验粒度的同时减少了校验所需的系统开销。其缺点也很明显，不仅增加了程序员编写程序的难度，而且普通程序员未必具备足够的信息安全知识，使其足以准确判断度量点。

随着信息流模型研究的发展，Jaeger、Sailer 和 Shankar 等人于 2006 年联合提出了基于信息流的完整性度量架构（Policy-reduced Integrity Measurement Architecture，PRIMA）[110]。PRIMA 基于 IMA 完整性度量架构，引入了 CW-Lite 信息流模型用于处理组件的依赖关系，是信息流模型与完整性度量相结合的重要探索。

除此之外，GNU 组织实现了类似 IMA 的可信启动补丁[111]，也有学者提出使用 USB-Key 来提高普通计算平台的可信性[112]。这些研究从不同的角度对计算平台启动过程中的信任度量与验证进行了探索与实践，丰富了信任链的研究。但是其中的一些研究也存在过于复杂、不易实现的问题，因此，目前信息安全领域使用最为广泛的仍然是 TCG 的信任链。

3.4.2 TCG 的信任链

3.4.2.1 可信计算平台的启动和信任链

TCG 的首要设计目标之一就是提供一种可信的方法去度量和报告平台的环境。可信平台的信任根（RTM、RTS 和 RTR）能够为平台的环境的度量、存储和报告提供支撑。但是，计算平台在运行时，其控制权会在不同的实体之间传递，这就需要解决一个问题：用户如何才能知道计算机是否遭到

了攻击，以及计算机是否可信呢？因此需要一种机制，能够让用户了解当前计算平台所处的可信状态，从而由用户进一步判断是否使用该计算平台。

为了解决这一问题，TCG 使用系统启动序列来判断平台的可信状态：系统从一个很小的信任根开始启动，这个信任根是 BIOS 里面最先执行的一段代码，被称为 CRTM。CRTM 启动后，首先对 BIOS 进行可信度量和验证。如果验证通过，说明 BIOS 可信，那么将信任的边界从 CRTM 扩展到 CRTM + BIOS，并执行 BIOS。BIOS 执行之后，对操作系统加载器 OSLoader 进行可信度量和验证。如果验证通过，说明 OSLoader 可信，那么将信任的边界进一步扩展到 CRTM + BIOS + OSLoader，并执行 OSLoader。如此下去，依次对后续的操作系统和应用进行可信度量与验证。以上过程中，如果任何一步验证不通过，都说明相应的验证对象遭到了破坏，不可信。

以上可信度量与验证的过程就形成了 TCG 可信计算平台的信任链：CRTM→BIOS→OSLoader→操作系统→应用。可信计算平台的启动和信任链如图 3–1 所示。

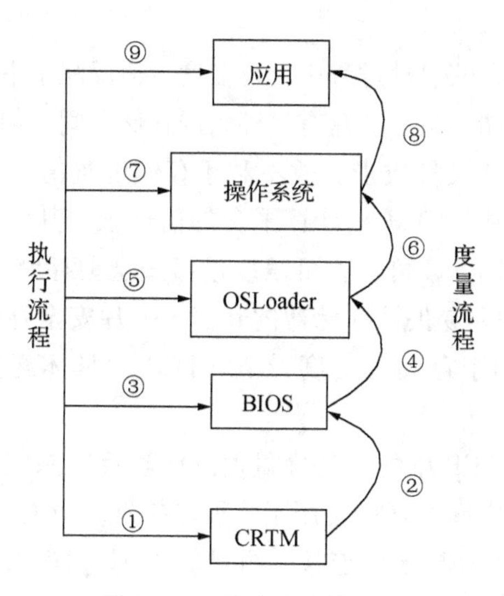

图 3–1　系统启动度量流程

从信任链和系统的启动度量流程可以看出，可信计算平台的信任链不仅体现出了平台的信任扩展过程，也反映了平台的启动序列。信任度量的值就是可信性验证的依据，反映了验证客体的可信状态。因此应当将信任度量的值妥善保存，这样不仅记录了系统的启动序列，而且记录了系统启动过程中的可信状态，进而能够为可信报告提供依据。这就是 TCG 的度量、存储、报告机制。

3.4.2.2 信任链的度量与存储

信任链能够有助于系统启动过程中的信任扩展。但是信任的扩展过程需要解决一个问题：在实际的系统中，应当采取什么方法进行信任度量？虽然目前已经有许多典型的信任模型，但是这些理论模型要么过于复杂，要么过于依赖信任主体对信任客体的信任凭据收集能力。而在系统启动的过程中，由于操作系统尚未启动，任何组件都无法完成过于复杂的任务，也不可能全面而完备地收集到被度量实体的所有信任凭据。

因此，在实际系统中，需要一种简单实用的方法进行信任度量与校验，这种方法既需要能够准确反映出目标实体是否已经遭受攻击，又需要尽可能少地占用系统资源，降低开销。为了解决这一问题，TCG 提出使用基于 Hash 函数的完整性度量作为计算平台启动过程中的信任度量方法，这样既能够描述被校验实体的当前状态，又能够检测目标实体是否被篡改，并且节省系统资源。

在可信计算平台的启动过程中，可信度量值反映了平台各关键部件的可信性，必须安全存储。虽然硬盘有足够大的存储空间，但是硬盘的安全性较低，容易受到各种软硬件攻击，故不利于存储度量值。本书第 2 章已经提到，可信计算平台中，TPM 是计算平台的信任根，其中集成了 RTS，具备安全存储的能力。因此，可以将可信度量值安全地存储于 TPM 中。具体来说，在 TPM 内部的非易失性存储器内开辟了一片安全存储区作为平台配置寄存器（PCR），用于存储可信度量值（PCR 的具体配置见本书 2.2.2 小节）。

为了使存储到 PCR 中的信任度量值既能够反映系统的启动序列，又能够占用较少的存储空间，TCG 使用了一种“扩展”计算 Hash 值的方式。这种方法将 PCR 的现值与新值连接，再计算 Hash 值并存储到 PCR 中：$New\ PCR_i = Hash(Old\ PCR_i \parallel New\ Value)$，其中 $\parallel$ 表示连接。

由于 Hash 函数具有如下性质：

①如果 $A \neq B$，则有 $Hash(A) \neq Hash(B)$；

②如果 $A \neq B$，则有 $Hash(A \parallel B) \neq Hash(B \parallel A)$。

因此，TCG 采取这种方法存储到 PCR 中的度量值不仅可以反映目标实体的完整性，还能够反映出系统启动序列。目标实体的完整性或系统启动序

列的改变都将引起存储到 PCR 值的改变。

在系统启动过程中，序列中的每一个执行程序在执行之前的度量值都存储在 PCR 中。在 CRTM 把控制权交给 BIOS 之前，会计算 BIOS 的度量值，并将值“扩展”到 PCR 中。在 BIOS 校验系统引导程序之前，会计算引导程序的度量值，并将值“扩展”到 PCR 中。以此类推，直到加载操作系统。

这样，信任根记录了 BIOS 的信任状态，BIOS 记录了各类板卡固件和引导程序的信任状态；引导程序记录了操作系统内核的信任状态。通过检查保存在 PCR 中的值，就能够判断这些值是否对应着可信的程序。通过这种方式，信任的边界就从信任根扩展到了操作系统，甚至其上的应用软件。

3.5 TCG 信任链的不足

根据以上分析可知，TCG 的信任链能够从信任根到 BIOS，到 OSLoader，再到操作系统，甚至到应用，一级度量一级，一级信任一级，整个过程简单而有效地将信任从信任根扩展到整个可信计算平台系统。TCG 的这种链式的信任链实现简单，并且与现有的计算机系统有较好的兼容性。

但是，这种信任链仍然存在以下不足之处。

（1）信任链较长，可能产生信任损失

TCG 的信任链 CRTM→BIOS→OSLoader→OS→Applications 是一种链式结构，这种结构从信任根 CRTM 到最上层的应用之间路径较长，造成了信任的多次传递。而根据信任理论，信任传递的路径越长，信任损失就可能越大。因此，TCG 这种链式的信任结构虽然实现简单，但是容易产生信任损失。

另外，结合本章 3.3 节的讨论可知，这种信任结构从 CRTM 到 Applications 的可信性验证属于间接验证，间接验证可信的前提是代理可信，并且代理进行可信性度量与验证的过程可信。TCG 的信任链中存在多级代理，代理越多，度量代理被破坏的可能性就越大，代理度量过程受到攻击的可能性也越高，降低了信任链的安全性。

（2）信任链的维护麻烦

TCG 的信任链采取了“扩展”这种迭代运算方法计算信任度量值。这种方法既能够反映目标实体的可信性，又能够反映出系统的启动序列。但是，这也使得信任链中任何实体的改变，无论是增添或删除一个部件，还是信任链中部件的更新（如 BIOS 升级、硬件配置的修改、操作系统补丁等）都得重新计算信任链中位于其后的所有度量值。

特别是可信计算在移动终端与电子设备中的应用日益广泛，这类计算平台往往设计灵活、软硬件可裁剪，并且软件更新频繁。这就导致现有信任链在应用到该类计算平台之后需要经常进行复杂的更新过程，维护起来十分麻烦。

（3）CRTM 存储在 TPM 之外，容易受到恶意攻击

在可信 PC 的实现过程中，信任链的 CRTM 是平台启动后首先运行的一段程序。这段程序作为 BIOS 的核心部分，处于 TPM 安全边界之外，没有受到 TPM 安全存储的保护，容易受到恶意攻击。一旦作为 RTM 的 CRTM 被攻破，整个平台的信任链都将崩溃。

（4）信任链未考虑可信计算平台的可靠性

由于目前尚缺少简单易行的平台可信性度量与验证的理论与方法，因此在具体的可信计算平台中，TCG 的信任链在进行可信度量的时候采取的是完整性度量的方法。这种方法相对成熟，可以检查发现大多数对系统资源的篡改与破坏，是信任度量从理论走向实践的重要一步。

但是，完整性度量主要考虑的是可信计算平台的安全性问题。我们认为：可信≈安全＋可靠。因此，信任链不仅需要考虑到计算平台的安全性问题，还应该适当考虑平台的可靠性问题，从而使得可信计算平台既能够防止攻击，又能够在受到攻击之后保持一定的可靠性。

3.6 具有数据恢复能力的星型信任结构

我们针对 TCG 信任链的不足展开了研究，并结合 ETPM 提出了具有数据恢复能力的星型信任结构[42,68]。这种新型的信任结构缩短了信任链长度，减少了信任传递损失，在 ETPM 中集成了 RTM，并且具备系统关键数据的恢复能力。这种设计符合我们“可信≈安全＋可靠”的学术思想，已经实际应用到可信 PDA 中[42]。

3.6.1 信任模型

在可信计算平台中，系统的启动要通过完整性校验，即可信根 TPM 对平台进行完整性度量，只有 TPM 认为是安全可靠时系统才能启动。在这一

过程中，不同的度量实体之间存在一定的信任关系，描述实体间信任关系的模型称为信任模型。

在信任模型中，总是存在一个信任的根源和若干实体。我们将信任的根源称为信任根，用 RT（Root of Trust）表示。其他实体（Entity）组成集合 E, $E = \{E_1, E_2, \cdots, E_i, \cdots, E_n\}$ ，其中，E_i 表示第 i 个实体 $i = \{1, 2, \cdots, n\}$ 。RT 作为系统的信任根，其本身是可信的，并且能够对其他实体 E_i 进行信任度量与验证。E_i 的可信性本身并不确定，但是可以经过信任度量验证其可信性。同时，E_i 也具备度量其他实体的能力。

为了进一步表述信任模型，我们将信任主体 E_i 度量信任客体 E_j 的过程中需要进行信任度量的次数称为两者的度量距离，用 $MLength(E_i, E_j)$ 表示。根据信任理论，信任值在传递过程中都会有损耗[1]，因此，我们用 $TL(E_i, E_j)$ 表示从 E_i 到 E_j 的信任损失。同时，为了简化描述过程，我们假设单位距离上的信任损失均为 U。

3.6.1.1　链式信任模型

定义 3-6：在信任链延伸的过程中，如果信任度量的顺序是 RT 度量 E_1 , E_1 度量 E_2 ，…，E_{n-1} 度量 E_n ，则称该信任模型为链式信任模型，如图 3-2所示。

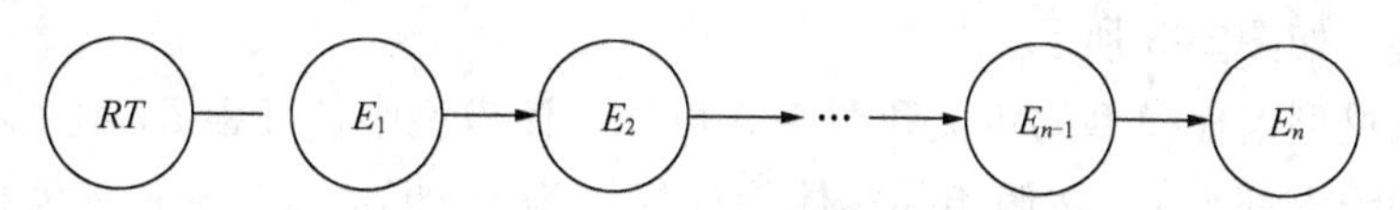

图 3-2　链式信任模型

TCG 规范中定义的信任链采取的就是这种链式信任模型，从信任根开始，一级度量一级，一级信任一级。

从链式信任模型的定义和图 3-2 可知，该模型中信任根 RT 到实体 E_n 的距离为 n，按照相邻实体信任损失为 U 计算，RT 到实体 E_n 的信任损失为 nU。因此有定理 3 - 1[113]。

定理 3-1：链式信任模型有以下性质：

(1) $MLength(RT, E_i) = i$, $TL(RT, E_i) = iU$ ，其中，$i \in \{1, 2, \cdots, n\}$;

(2) $MLength(E_i, E_j) = j - i$, $TL(E_i, E_j) = (j - i)U$ ，其中，$i, j \in \{1, 2, \cdots, n\}$ 且 $i < j$ 。

现有 PC 使用链式信任模型的主要原因：一方面是因为这种信任度量模

型易于工程实现；另一方面是受到现有 PC 结构的局限，从 BIOS 到操作系统加载器（OSLoader），到操作系统，再到应用，是一个链式关系，很容易从信任根出发，一级一级往下信任，从而达到整体可信。

虽然 TCG 的链式信任模型使用广泛，但是从图 3-2 和定理 3-1 可以看出：

①由于信任模型是链式结构，所以在信任链中的任意实体 E_i 发生改变后，位于其后的信任链都需要重新进行信任度量和验证。这就造成在信任链形成后增加或删除部件，或者软件系统的升级更新，都必须重新计算大量的信任值，增加了维护和管理的难度，这使得该信任度量模型不适应移动计算平台和终端电子设备等灵活多变的计算环境。

②根据信任理论，信任值在传递过程中都会有损耗，传递的路径越长，则损耗越大。在链式信任模型中，实体 E_i 与信任根 RT 的距离越远，信任损失 iU 就越大。同样，两实体 E_i 和 E_j 距离越远，之间的信任损失 $(j-i)U$ 也越大。因此，链式信任模型容易出现信任强度减弱的问题。

3.6.1.2 星型信任模型

定义 3-7：在信任链延伸的过程中，如果信任度量的顺序是 RT 度量 E_1，RT 度量 E_2，…，RT 度量 E_{n-1}，RT 度量 E_n，则称该信任模型为星型信任模型，如图 3-3 所示。

从星型信任模型的定义和图 3-3 可知，该模型中信任根 RT 到所有其余实体的距离都为 1，按照相邻实体信任损失为 U 计算，RT 到任何实体的信

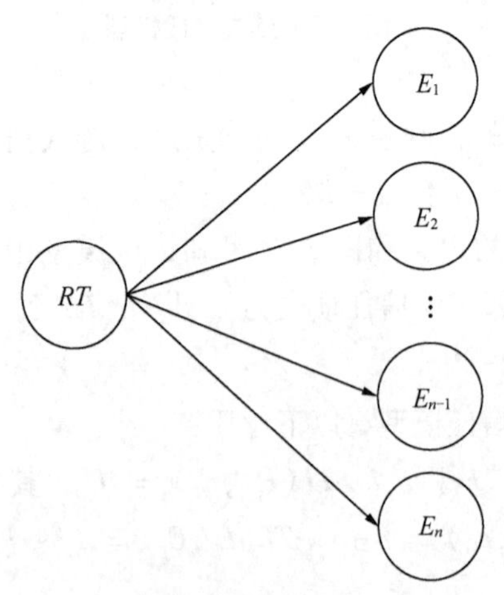

图 3-3　星型信任模型

任损失都为1U。除此之外，任何实体 E_i 与 E_j 之间不存在直接路径，必须通过信任根 RT 相连，其距离为2（$E_i \leftarrow RT \rightarrow E_j$）。因此有定理3-2[113]。

定理3-2：星型信任模型有以下性质：

① $MLength(RT,E_i) = 1$，$TL(RT,E_i) = 1U$，其中，$i \in \{1,2,\cdots,n\}$；

② $MLength(E_i,E_j) = 2$，$TL(E_i,E_j) = 2U$，其中，$i,j \in \{1,2,\cdots,n\}$ 且 $i < j$。

从定理3-1和定理3-2可以明显看出，无论是信任根到被度量实体的信任损失，还是被度量实体之间的信任损失，星型信任模型绝大多数情况下都要优于链式信任模型（实体距离为1时除外）。

星型信任模型具备如下特点：

①星型信任模型各节点均由根节点进行度量，在信任链扩展过程中，不依赖于前一节点，当有新节点加入或有部分节点删除时，只需由根节点进行度量即可，而不需重新度量整个信任链，信任链的维护简单。

与PC相比，移动计算平台与终端电子设备等可信计算的新应用环境具备灵活且易于修改的结构特点。因此，星型信任模型能够有效解决链式信任模型在这些环境中维护麻烦的问题。

②由于所有节点直接与根节点联系，不存在过多的信任传递过程，由信任传递引起的信任损耗将大大减少。由此可知，星型信任模型能有效降低信任损失，提高信任链灵活扩展能力。

星型信任模型也有不足之处：在星型结构中，根节点处于中心位置，节点的增加、删除及使用都受到根节点的控制，增加了节点负担。具体到可信计算平台，TPM作为根节点，在平台的工作过程中需要不断地对各节点进行完整性度量和可信度的判断，因此，星型信任模型增加了TPM在平台控制和计算能力方面的要求。

针对这一问题，本书第2章提出的ETPM在控制能力和计算能力方面的增强，正满足了星型信任模型对TPM的需求。ETPM的设计与实现，为星型信任模型的实现与应用提供了有力支撑。

3.6.2 可信启动

在信任模型中，信任主体负责对信任客体进行信任度量与验证。为了在具体可信平台中使用信任模型，TCG对度量结果进行了二值化处理，即判断结果要么是可信要么是不可信。计算平台启动的过程中，如果信任客体被

判断为可信，那么继续运行；而如果信任客体被判断为不可信，TCG 并没有明确规定应当如何处理。

与上述可信启动的处理方法不同，以 AEGIS 为代表的安全启动（Secure Boot）[114,115] 在判断出系统启动序列不安全后会强制终止启动过程。安全启动用于确保用户的计算机能够进入安全的状态，在支持安全启动的平台中，每一个部件的度量值都会被用来与“授权代码列表”中的度量值进行比较。一旦发现任何试图读取未授权代码的行为，安全启动会强制终止启动过程，从而确保平台处于安全状态[78]。

安全启动与 TCG 可信启动的比较如图 3-4 所示。

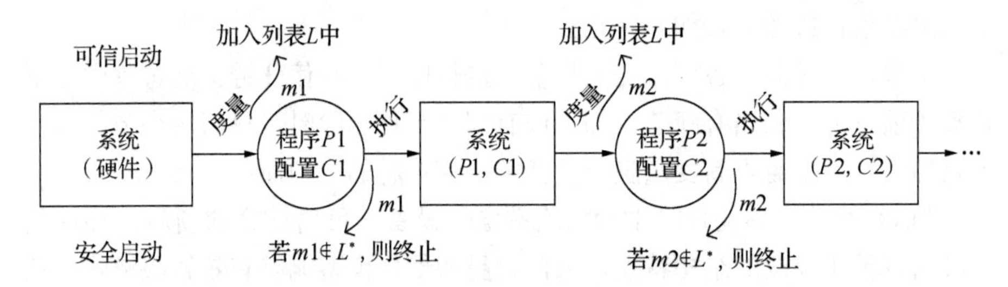

图 3-4　安全启动与 TCG 可信启动

安全启动与 TCG 可信启动在执行程序之前都会对其进行度量与验证。可信启动预先记录了所有被执行对象的度量值（列表 L），但是在度量未通过时并不强制终止，而是把是否继续执行的判断权交给用户。安全启动则不同，一旦发现平台试图执行不在授权代码列表（L^*）中的程序，则强制终止系统。

这两种方法各有特点，也都考虑了平台启动过程中的安全问题，但是它们都没有关注平台启动过程的可靠性问题，即发现平台启动过程中被校验对象异常之后能否通过一定的方法消除异常，确保平台启动到预期状态。

本着“可信≈安全+可靠”的学术思想，我们认为计算平台的可信启动应当同时具备安全性与可靠性。因此，我们提出一种具有恢复能力的可信启动方法：预先对系统的重要实体进行备份，如果被度量实体是不可信的，则用该实体的可信备份对其更新。具有恢复能力的可信启动如图 3-5 所示。

可信计算平台上电之前，平台所有者首先将系统关键部件的数据备份到安全存储空间中，该备份存储空间受到 TPM 的保护，不会被攻击者篡改。平台上电之后，由 TPM 作为信任根对平台进行信任度量与验证，若所有部

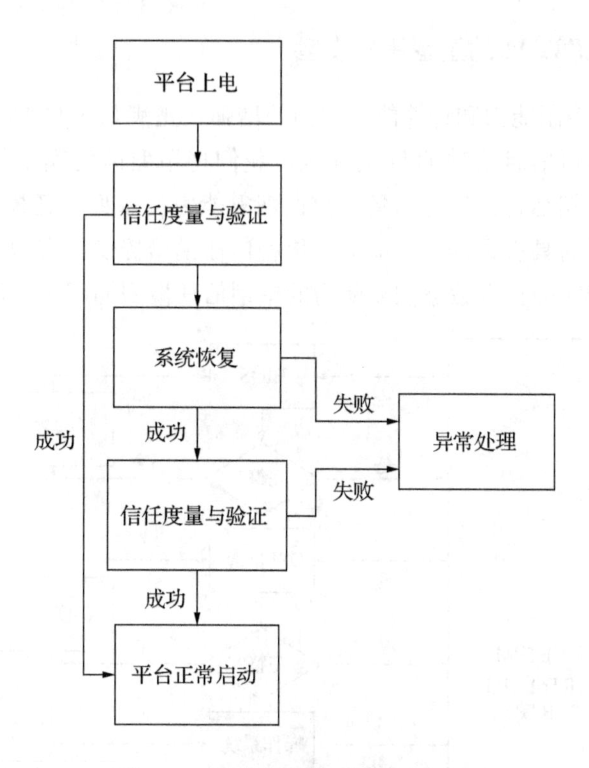

图 3–5 具有恢复能力的可信启动

件的完整性校验通过，则平台正常启动。与 TCG 可信启动不同的是，若信任链扩展过程中有部件的可信度量与验证不通过，TPM 会从受保护的备份存储空间读取标准可执行代码和数据覆盖目标部件。完成系统恢复后，会再次对该部件进行信任度量与验证，若通过，则说明系统恢复成功，平台正常启动。若失败，则转入异常处理。

具有恢复能力的可信启动能够有效增强可信计算平台的可靠性，既能够用于链式信任模型，又能够用于星型信任模型。但是，该可信启动方案对 TPM 有以下两项要求：一是系统恢复的整个过程都需要 TPM 进行控制，因此，TPM 要具备足够的主动控制能力；二是 TPM 要能够为系统恢复提供足够的受保护安全存储空间。我们提出的 ETPM 不仅具备较强的主动控制能力，还具备备份恢复模块，并且有足够的安全存储空间用于备份系统关键数据，足以为具有恢复能力的可信启动提供全面支撑。

3.6.3 基于 ETPM 的星型信任模型

ETPM 在控制能力和计算能力方面的增强，正满足了星型信任模型和具有恢复能力的可信启动对 TPM 的需求。我们将星型信任模型与具有恢复能力的可信启动相结合，称之为具有数据恢复能力的星型信任模型。ETPM 的设计与实现，为具有数据恢复能力的星型信任模型提供了有力支撑。

基于 ETPM 的具有数据恢复能力的星型信任模型如图 3-6 所示。

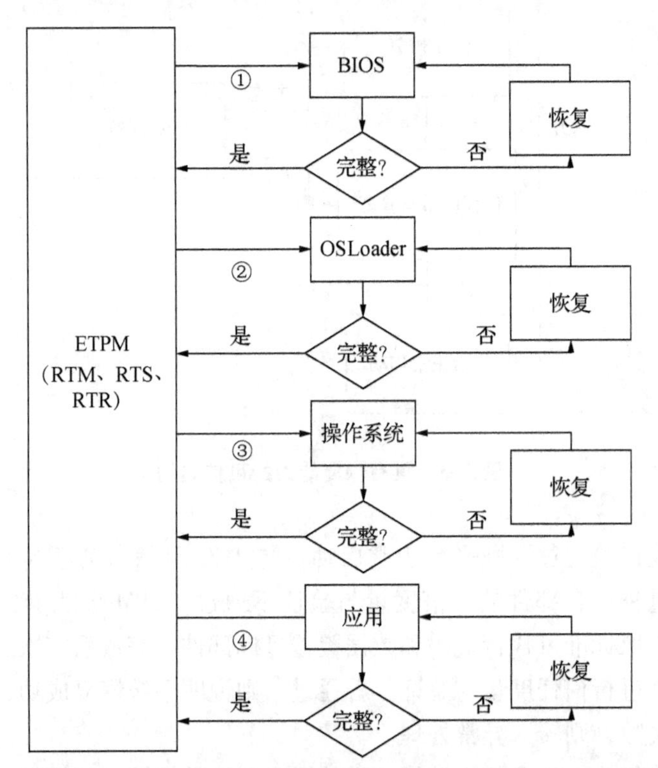

图 3-6 基于 ETPM 的具有数据恢复能力的星型信任模型

与 TCG 的链式信任模型相比，该模型具有以下优点。

(1) 安全性高

ETPM 内部采用物理方式集成有 RTM、RTS 和 RTR，对其自身及连接电路具有良好的物理保护，相较传统的软件实现 RTM 安全性更高。

(2) 可靠性高

当被度量部件被篡改或损坏时，该模型能够自动对异常部件进行恢复。

因此对于用户而言，即使在不知情的情况下系统被攻击，也能够在重启系统的过程中自动恢复，有效提高了可信计算平台的可靠性。体现出了“可信≈安全+可靠”的学术观点。

（3）信任损失小

根据定理3-1和定理3-2可以看出，我们提出的模型与TCG的链式信任模型相比，信任根到任何一个被测量部件都是一级测量，没有多级信任传递，信任损失少。

（4）可扩展性强，易于维护

ETPM对任何部件的测量不依赖于其他部件，具有良好的可扩展性与灵活性。无论是增添或删除一个部件，还是信任链中部件的更新，都无须重新计算信任链所有度量值，只需重新计算有变化的部件即可，易于维护。

综上所述，具有数据恢复能力的星型信任模型具备安全性高、可靠性高、信任损失小、可扩展性强等优点，并且ETPM的提出，为该模型提供了有力的底层支撑。结合本书第2章ETPM相关研究，基于ETPM和星型信任模型的可信计算平台启动状态迁移如图3-7所示。

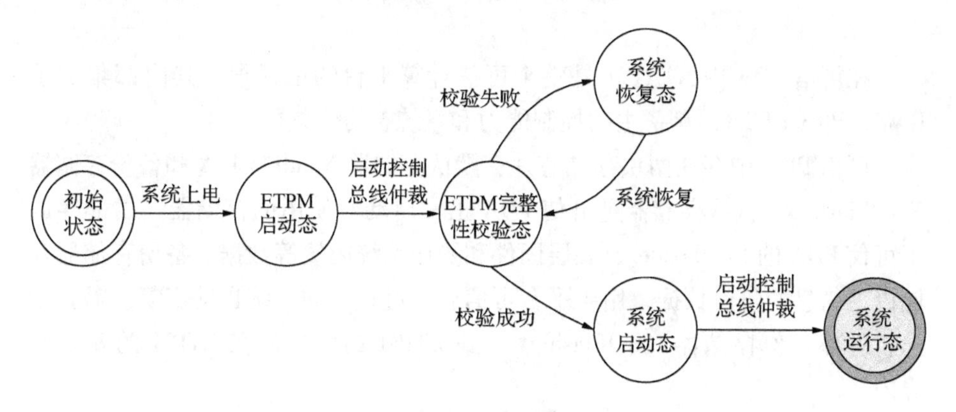

图3-7 可信计算平台启动状态迁移示意

3.7 星型信任链在可信PDA中的应用

3.7.1 可信PDA的系统结构

具有数据恢复能力的星型信任模型与TCG的链式信任模型相比，安全性和可靠性更高、信任损失更小、可扩展性更强，并且我们已经成功将其应用到可信 PDA 原型系统[42]中。可信 PDA 系统结构如图 3-8 所示。

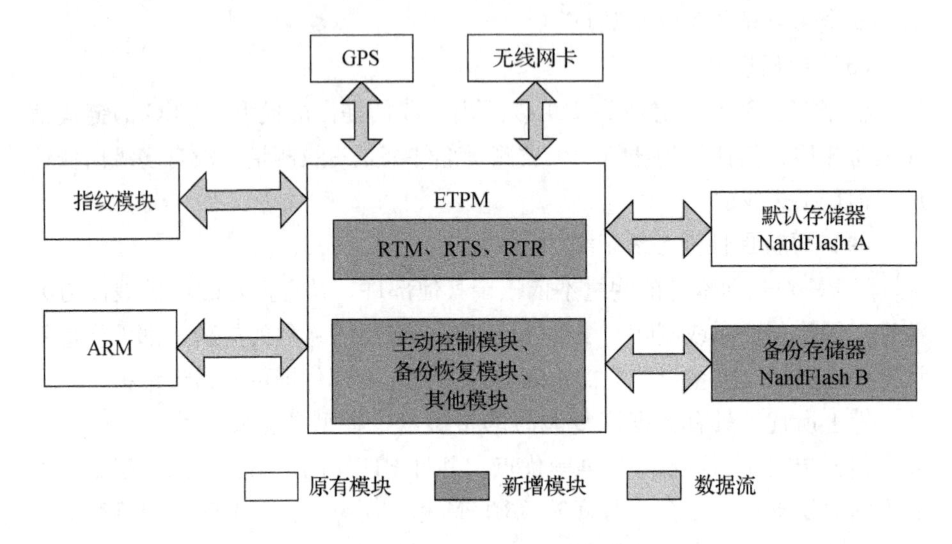

图 3-8 可信 PDA 系统结构

在可信 PDA 中，ETPM 是整个可信计算平台的信任根，其内部集成了 RTM、RTS、RTR，具备主动控制能力和系统备份恢复能力。

可信 PDA 中存在两块存储芯片：默认存储器 NandFlash A 和备份存储器 NandFlash B。默认存储器是可信 PDA 正常启动时使用的存储器，内部存放了可信 PDA 的 BootLoader、底层固件和操作系统内核等数据。备份存储器存储以上信息的备份数据，用于平台可信启动过程中的系统自动恢复。需要指出，外部备份存储器 NandFlash B 受到 ETPM 的保护，在 ETPM 的安全边界内。

可信 PDA 的 ARM 与默认存储器通过 ETPM 间接连接。系统上电后，ETPM 首先通过指纹模块识别用户身份。之后 ETPM 通过主动控制模块的总线仲裁优先于 ARM 获得默认存储器 NandFlash A 的访问权限，并且对 NandFlash A 中的关键数据进行信任度量与校验。若校验通过，则将默认存储器的访问权交给 ARM，正常启动计算平台。若校验不通过，ETPM 则通过备份恢复模块从备份存储器 NandFlash B 中取出备份数据写入 NandFlash A 相应位置，进行系统恢复。可信 PDA 可信启动的详细过程见下一小节。

3.7.2 星型信任链支持下的可信启动

在可信 PDA 中，平台启动所需的关键数据如引导程序、内核和根文件系统等均存储在同一存储器中，对于 ETPM 而言是并列关系。因此，在启动过程中与 ETPM 形成了星型信任链，如图 3-9 所示。

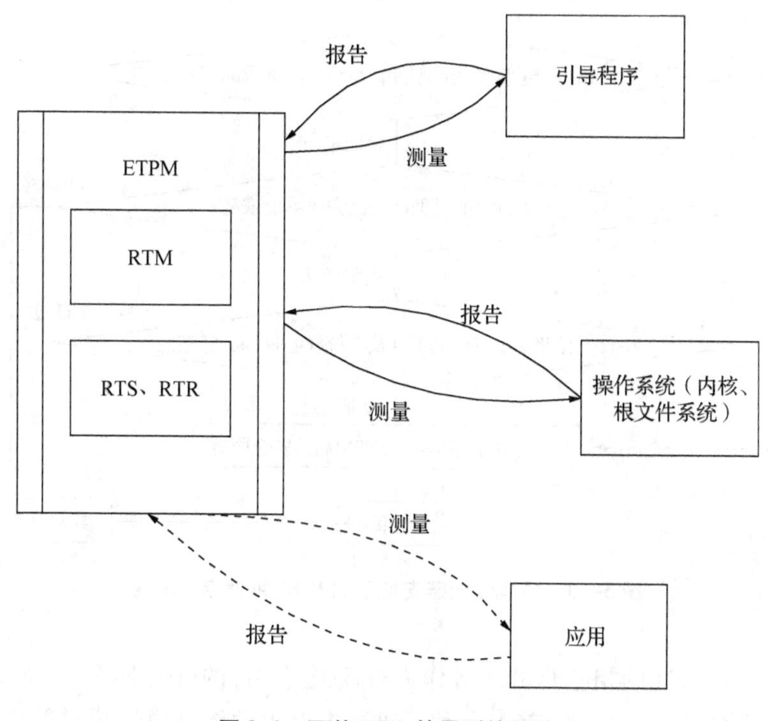

图 3-9 可信 PDA 的星型信任链

在可信 PDA 中，ETPM 内置了 RTM，具备主动控制与备份恢复功能，并且为外部的备份存储空间提供保护。ETPM 与可信 PDA 的星型信任链一起，组成了具有数据恢复能力的星型信任链，并能够确保可信 PDA 的可信启动。具体过程流程如图 3-10 所示。

星型信任链支持下的 PDA 可信启动的步骤如下：

①在系统使用之前首先需要对系统关键部件的数据（如可信 PDA 的 BootLoader、OS Kernel 等）进行备份，并将备份的数据存储到可信 PDA 的受保护的备份存储空间中。

②初始化可信 PDA 的信任根 ETPM，将预先算出的系统各关键部件的度

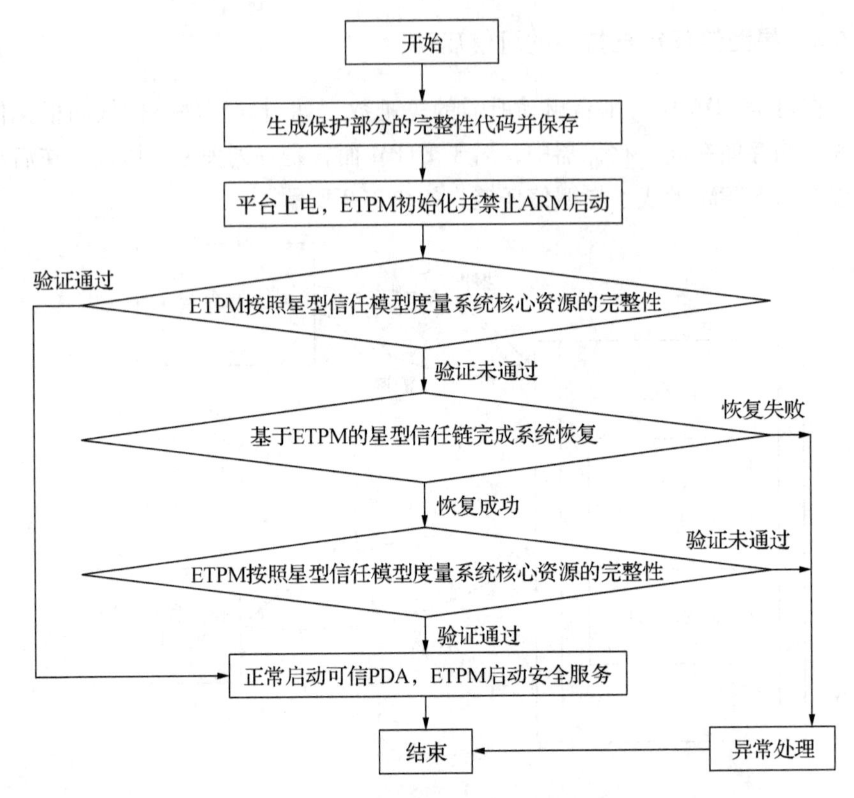

图 3-10　星型信任链支持下的 PDA 可信启动流程

量值存到 ETPM 的相应 PCR 中，作为对各关键部件的可信期望。

③系统上电，ETPM 首先启动，通过内部主动控制模块暂时禁止 ARM 启动，并且通过总线仲裁，将默认存储器的总线与 ETPM 连接。

④ETPM 采用如图 3-8 所示的星型信任模型对存储于默认存储器的 BootLoader、OS Kernel 等数据进行完整性度量，并与预先存储在 PCR 中的可信期望相比较，验证其可信性。若比对结果全部相同，则说明目标部件未被修改，转到步骤⑧允许系统正常启动。若比对结果有不同，则说明相应部件被篡改，ETPM 调用步骤⑤执行星型信任链关键数据的备份恢复。

⑤ETPM 中的备份恢复模块从可信 PDA 的备份存储器 NandFlash B 中取出预先存入的备份信息，写入默认存储器 NandFlash A，完成系统备份恢复。若恢复成功，则进行数据的再校验（步骤⑥），否则转到异常处理（步骤⑦）。

⑥可信 PDA 关键数据再校验，过程同步骤④。成功则转步骤⑧，否则转到异常处理（步骤⑦）。

⑦异常处理，向用户给出可信 PDA 可信启动失败的提示信息。

⑧正常启动可信 PDA，在可信 PDA 启动之后，ETPM 作为可信 PDA 的安全协处理器，负责完成与安全相关的功能。

⑨结束。

3.7.3　分析

从基于 ETPM 的星型信任链在可信 PDA 的实际使用可以看出，具有恢复能力的星型信任模型和其支持下的计算平台可信启动是一种完全可行的，并且行之有效的方法。具有恢复能力的星型信任模型和其支持下的可信 PDA 可信启动具备以下特点。

（1）安全性高

RTM 位于 ETPM 内部，不易受到攻击。可信计算平台的整个信任扩展过程都由 ETPM 控制完成，ETPM 是平台唯一的信任根，与传统可信 PC 相比缩小了可信基并且避免了依赖核心 BIOS 可信的弊病。

（2）系统可扩展性强

信任 ETPM 与系统关键部件（如 BootLoader、OS Kernel 等）之间是星型信任关系。因此在系统中增加、删除部件，或者某些部件的修改与升级（如 OS Kernel）都不会对其余部件产生影响，只需要更新 ETPM 中 PCR 相应的信任期望即可。这种较强的可扩展性使得基于 ETPM 的星型信任模型能够非常适合移动计算平台、终端电子设备等灵活多变的可信计算应用环境。

（3）可靠性高

当被度量部件被篡改或损坏时，该模型能够自动对异常部件进行恢复。因此对于用户而言，即使在不知情的情况下系统被攻击，也能够在重启系统的过程中自动恢复，有效提高了可信计算平台的可靠性，体现出了“可信≈安全＋可靠”的学术观点。

（4）信任损失小

可信 PDA 中的关键部件均直接由 ETPM 进行可信度量与校验，度量距离为 1，信任损失小。这种星型信任链的方式使得系统关键部件之间不存在度量与被度量的关系，减少了信任在部件之间传递造成的信任损失，与传统可信 PC 中的信任传递相比有明显优势。

（5）备份数据安全

备份数据所在的存储器在 ETPM 安全边界内，安全性高。

（6）执行效率高

经过在可信 PDA 原型系统中的测试，在需要进行系统恢复的情况下，可信 PDA 的可信启动时间少于 1 s（期间恢复了约为 2 MB 的数据），若不需要系统恢复则速度更快，完全可以满足实际使用的要求。

3.8 小 结

本章围绕计算平台的可信启动展开研究，从理论与技术两方面对其中的关键问题展开了探讨。为了深入研究可信计算平台的信任扩展过程，本章首先对现有的信任度量理论进行研究与探讨，并归纳出了可信性验证的一般方法，作为本章可信计算平台信任链研究的理论基础。

接下来，本章针对可信计算平台中信任度量模型与可信性验证方法的具体实施——信任链展开研究，并提出了 TCG 信任链的不足之处：信任链路径较长，信任在传递的过程中可能产生损失；由于可信的测量值采用迭代的计算方法，因此如果在信任链形成后增加或删除部件，或者软件系统的升级更新，都必须重新计算所有的信任值，增加了维护和管理的难度；CRTM 存储在 TPM 之外，容易受到恶意攻击；信任链未考虑可信计算平台的可靠性问题。

针对以上不足，我们结合 ETPM 提出了具有数据恢复能力的星型信任模型。该模型信任链路径短，信任在传递过程中的损失小；可扩展性强，利于部件的增加、删除和更新；CRTM 处于 ETPM 内，安全性高。除此之外，还能够基于星型信任模型在 ETPM 的控制下完成具有系统自动恢复能力的计算平台可信启动。

为了验证本章提出方法的可行性，我们在可信 PDA 中实现了具有数据恢复能力的星型信任模型，并且在其支持下完成了可信 PDA 的可信启动。

4 面向安全敏感软件的可信环境构建方法研究

本书的第1章就已经提到，目前可信计算面临的一个重要问题就是具体应用相对较少[1]。现有的一些研究也多是从理论和技术的角度进行探讨，距离真正应用还有一段距离，很多设备也还停留在有底层硬件无上层应用的状态，因此可信计算的应用仍有待开拓。

本章将在本课题组已有研究成果的基础上，从实际应用的角度将本书所述关键理论与技术进行融合，提出一种面向安全敏感软件的可信环境构建方法。该方法能够安全、可靠地保证平台的可信启动，并能对运行于其上的安全敏感软件进行动态保护。

本章内容来源于作者论文[116]。

4.1 引言

在军事与经济等领域中，有许多软件被用来处理敏感信息或机密信息，这些软件的安全性直接关系到其关联信息的安全性，我们将这类软件称为安全敏感软件，如何保护这类软件的安全性一直是国内外关注的重要问题。

虽然安全敏感软件的开发人员在软件编写时就已经有意识地增强软件自身的安全性，但是假如这些软件所运行的操作系统遭受到安全威胁，这种应用层的软件自我保护方法就会被大幅削弱。不幸的是，庞大的体积、复杂的内部结构和较高的升级频率，使得具有软件控制权的操作系统难以验证，并且极易受到攻击。

目前已经有许多在通用操作系统中保护软件的方法，但是这些方法往往在安全性、灵活性或功能性等方面有所缺陷。大多数的软件方法对来自操作系统特权级的攻击显得非常脆弱，并且难以抵御硬件攻击。包括AEGIS[117]在内的一些方法，通过安全体系结构的设计，在操作系统内建立高特权级的安全机制，然而这些方法与操作系统的设计密切相关，对于已经成型的操作系统难以适用。

信息安全领域的研究中，硬件结构和操作系统的安全是信息系统安全的基础，而密码、网络安全等是其关键技术。只有从信息系统的硬件和软件的底层采取安全措施，才能比较有效地确保信息系统的安全[6]。因此，可以考虑从底层硬件采取安全措施，使用软硬结合的方法，保护安全敏感软件。

本章的研究把 ETPM 作为平台的信任根，为平台提供可信支撑；将信任链从操作系统延伸到安全敏感软件，从硬件底层保障目标软件的可信加载；在此基础上，通过内存保护与文件监控，为目标软件构建可信的运行环境；以 ETPM 中的硬件独立安全存储空间为基础，为目标软件构建灵活可扩展的可信存储空间，从而最终建立面向安全敏感软件的可信环境。

本章 4.2 节将对现有的相关方法进行深入分析与总结；4.3 节提出本研究的研究范围与假设；4.4 节详细介绍我们所提出的面向安全敏感软件的可信环境构建方法；4.5 节从实验验证的角度对本方法进行分析；4.6 节对本章进行小结。

4.2 相关研究工作

本节先介绍在通用计算环境中保护安全敏感软件的一些重要方法，之后对它们进行分析与总结。由于现有安全关键性软件的大多数仍旧运行于操作系统中，因此我们借鉴文献［118］的分类方式将现有方法分为以下 3 类：

①在操作系统中加入安全特性；

②度量和校验未更改的操作系统；

③完全绕过操作系统。

4.2.1 安全操作系统

在操作系统中建立安全机制是一种行之有效的方法，因为操作系统能够访问运行于其上的程序的内存和 I/O 映射信息，并且负责资源调度或其他形式的资源管理[119,120]。操作系统机制能够对系统调用、I/O 请求，甚至是内存的访问进行仲裁，以便为安全敏感任务提供隔离的运行环境或是安全的 I/O 通道[67,117,121-123]。

Linux 安全模块（Linux Security Modules，LSM）项目[122]使软件开发者可以创建他们自己的安全模块，并且将这个模块加载入内核中。LSM 的核

心思想是：通过让用户创建的安全模块间接访问系统资源来支持系统资源的访问控制策略。这种方式允许用户模块拒绝或限制任何违反其安全策略的资源访问或系统操作。LSM 也提供了一种叫作安全应用（Security-Aware Applications）的安全系统调用，用于直接调用内核安全模块执行的特殊安全操作。

SELinux[124]是一个较大的安全操作系统项目，该项目利用了 LSM 设置的基础架构，通过考虑灵活的强制访问控制（Mandatory Access Control，MAC）策略来弥补传统的自主访问控制（Discretionary Access Control，DAC）策略，以此强化 Linux 的安全性。SELinux 作为一个安全模块，允许平台管理员通过配置文件设置自定义的 MAC 策略。SELinux 架构实现了基于角色的访问控制（Role-Based Access Control，RBAC）、类型强化及可选的多级安全（可选）的融合。

HiStar 是另一个加入了安全思想的操作系统[123]，HiStar 的主要目的是减少处于内核的操作系统代码里必须被信任的代码数量。HiStar 将内核抽象到 6 个基本对象类型：线程、地址空间、分段、关口、容器与设备。HiStar 的内核从系统级强化了十分严格的信息流约束，而无须软件开发人员了解其对象如何与系统中其他部分交互。其内核代码少于 20 000 行，远少于现有商用操作系统。

AEGIS[117]是一个软硬件结合的安全体系结构，它专注于为安全敏感软件提供内存隔离与证明。该体系结构中，处于操作系统的安全内核与处于硬件的 AEGIS 机制共同协作，保护其隔离区不受软件攻击与硬件攻击。AEGIS 中有一系列由操作系统管理的专用寄存器，它们负责定义未加密、加密或是加密并验证的物理内存的范围。此外，AEGIS 还包括证明机制，它通过产生一个由 CPU 签名的报告来识别当前的安全内核与运行在隔离区的软件。

4.2.2 校验操作系统

相对于上一类需要修改操作系统的方法，还有一类方法不需要修改操作系统，而是在安全敏感程序运行之前对其所在的操作系统进行度量与校验[108,125,126]。这类方法多基于可信计算技术，将操作系统初始状态的密码学 Hash 值作为其指纹，该 Hash 值在远程证明报告中能够作为其身份特征信息使用。

TPM[127]是目前在通用计算平台中分布最为广泛的安全协处理器芯片。

TPM 能够作为系统的信任根，对系统进行完整性度量、存储与报告。目前主要有两类基于 TPM 的度量方式：静态度量与动态度量。

静态度量方法需要先将平台开机执行的 BIOS Boot Block 进行适当修改，作为静态度量根负责第一次完整性度量：BIOS Boot Block 计算 BIOS 其余部分的密码学 Hash 值，并且将其存储进入 TPM 中。接下来由已经成功校验的 BIOS 对下一层软件 OS BootLoader 进行度量，同样将结果存入 TPM。如此向下，一级度量认证一级，一级信任一级，直到整个软件栈被成功认证。这种方法能够通过查找存储于 TPM 寄存器中的度量值，检测到攻击者对软件栈中任何部分的破坏。需要指出的是，这种度量方式仅在平台启动时进行一次，平台运行过程中无法再次进行度量。

动态度量方法之所以被称之为动态，是因为其信任度量不仅可以在平台启动的时候进行一次，而且可以在平台启动以后的任何时刻再次进行。该方法需要处理器硬件能够提供相应的支持，如 Intel 的可信执行技术 TXT[36]。TCG 的动态度量根是一条特殊的 CPU 指令（如 Intel 支持 TXT 的 CPU 上的 SENTER 指令）。SENTER 指令能够在平台运行时通过一条安全的初始化例程对可信 VMM 进行度量。该例程运行在片上高速缓存的锁定区域，度量 VMM Loader，然后将度量结果发送给 TPM。接下来，VMM Loader 会度量 VMM 本身，被度量过的 VMM 接下来可以对后续软件进行度量。

TPM 芯片较低的成本使其能够被方便地集成进入各种通用计算平台中，在只损失计算平台极少计算能力与存储容量的情况下，能够为平台提供更强的密码协处理能力、安全存储能力和远程证明能力，这都为计算平台的安全性提供了很大帮助。但是，为了加强 TPM 的普及速度，现有的 TPM 只是一块通过 LPC 总线与主板相连的安全协处理芯片，安全存储区等硬件资源相对较少。并且，由于 LPC 总线相对平台内部高速总线而言速度较慢，因此造成现有的基于 TPM 的方法都不能实现高速的安全操作。

4.2.3 绕过操作系统

第三类研究使用增强的微处理器或可信虚拟机监控器完全绕过商用操作系统对安全敏感软件进行保护。这些技术倾向于关注内存隔离，因此大部分不提供密封存储或认证功能。当它们提供这些服务时，这些服务要么需要某个可信软件模块或多个从属于同一安全域的模块[128]，要么需要使用 TPM 芯片[129-131]，要么需要使用基于 PCI 的协处理器外设[132]。

早在 1987 年，Steve White 和 Liam Comerford 就提出了隔离计算的思想，并开发了 ABYSS 系统[133]。该系统将一个应用程序拆分为两部分，分别运行于可信计算平台和原有不安全主机上，不同部分的执行权限通过智能卡和对称密码来进行控制与分发。在 ABYSS 的基础上，Steve White 进一步将可信计算平台嵌入到原有系统中，提出了 Citadel 系统[134,135]。

IBM 设计并制造的 IBM4758 系列安全协处理器[15-18]是典型的绕过原有平台对安全敏感程序进行保护的方法。该安全协处理器通过 PCI 总线与主机相连，独立于原计算平台，拥有自己的处理器、内存、密码引擎，甚至非易失性存储器。受保护程序的整个运行过程都在安全协处理器中完成。IBM4758 具备高性能、可编程、防篡改等特性，能够为安全敏感程序提供高安全等级的保护，并已经形成了商业产品。

Terra[130]由 Garfinkel 等人于 2003 年提出，利用虚拟化和类 TPM（TPM-like）技术来绕过不可信操作系统。Terra 的目标是在不同的虚拟机中，为不同的安全需求建立多个执行环境。各虚拟机之间通过可信的虚拟机监控器隔离，就像它们运行在各自独立的硬件平台上一样。Terra 的安全服务的安全性需要植根于实际的安全硬件中，如 TPM。目前已经有许多研究用于虚拟 TPM，以使虚拟 TPM 的实例可以为虚拟机提供 TPM 的全部功能[136]。

下一代安全计算基（NGSCB）是由 Microsoft 公司的研究者提出的[129]，思路是用一个虚拟机监视器管理两个虚拟机，其中一个是不可信的虚拟机，运营商用 Microsoft 操作系统并具备所有功能；另一个是可信的虚拟机，在一个更小的名为 Nexus 的可信操作系统上运行安全敏感软件。NGSCB 设想所有的安全应用共享可信 Nexus，而不是每一个虚拟机运行一个安全应用。与 Terra 一样，NGSCB 也需要类似于 TPM 的芯片为每个安全应用提供安全服务。

ARM 可信区（ARM TrustZone）[137]是一项嵌入式系统的技术，其目标是运用虚拟化建立可信的和不可信的执行环境。该技术中可信环境能够比不可信环境访问更多的硬件资源，如安全中断控制器、芯片上可执行内存、特殊密钥寄存器、安全串口、随机数产生器等。

Flicker[131]使用 Intel 所实现的动态信任根来为敏感应用的一段代码建立最小化的可信执行环境。Flicker 使用 SENTER 指令[36]在系统中为应用程序的敏感代码段分配一段最小化的运行时间，而不是为应用程序部署一个由可信虚拟机监控器支持的完整的虚拟机。Flicker 的主要缺点是每一次调用安

全敏感程序代码段时，Flicker 都必须销毁和重新创建一个安全环境，每一次切换安全上下文，SENTER 指令的调用和 TPM 的操作都会引起很高的 CPU 时间开销。

XOM 体系结构[138]为保护在不可信操作系统上运行的可信软件提供硬件支持。XOM 的主要目标是通过特殊的处理器和与之配套的加密程序代码来支持数字版权管理。SP 架构[139]（Secret Protection Architecture）关注保护用户秘密，而不是像 XOM 保护软件生产商的数字版权。SP 架构的可信软件模块中的每个缓存行被基于密钥的消息认证码签名，使其代码可以防篡改。可信软件模块的秘密信息在发送到内存时加密，从内存中读出时解密，从而确保内存数据的机密性。

Overshadow[140]是一种基于虚拟化的、纯软件的方法，用于绕过不可信操作系统为应用软件提供安全保护。它的主要目标是通过加密和 Hash 校验应用程序虚拟地址空间的页面来保证应用程序执行的机密性和完整性。Dewanet 等人提出了一种基于 Intel VT-x 技术的体系结构[141]，用于在不可信的操作系统代码环境下为应用程序提供隔离的执行环境。其与 Overshadow 的主要区别是它为受保护的应用程序代码创建了各自的影子页表，使得该代码在超出机器内存区域的地方执行，而这个区域对于不可信的代码是不可访问的。

4.2.4 分析

安全操作系统方法通过设计安全的操作系统来保护目标软件的运行环境。这种方法对特定的操作系统行之有效，但却也为操作系统本身引入了诸多限制，难以应用到通用操作系统中，其实用性大打折扣。并且这一方面的大多数研究都是纯软件方法，对于对设备具有物理访问能力的攻击者而言，仍然是脆弱的。例如，攻击者能够绕过经扩展的文件系统访问控制策略[122]，通过探测未保护的 I/O 总线或直接访问硬盘来对文件数据进行嗅探或破坏。我们认为，在确保安全的同时，也有必要同时考虑实用性与通用性。本章旨在提出一种解决方法，该方法的可信计算基（TCB）扎根于底层硬件，能够在通用操作系统中通过软件与硬件的配合，达到保护安全敏感软件的目的。

绕过操作系统的方法多使用虚拟机监控器 VMM 建立隔离的虚拟机[142-145]。然而，现有方法以虚拟机为单位，保护粒度较大，并且使用

VMM 监控整个虚拟机系统会造成难以避免的较大性能损失，初始化、上下文切换及与现有软件栈的接口代价也非常高[146]。基于硬件的保护方法也是该领域研究的重要组成部分，以 XOM[138] 和 SP[128,139] 为代表的安全体系结构能够为平台提供安全计算环境，但是这些方法有的需要扩展 CPU，有的需要扩展指令集，都对目标平台进行了较大的硬件改动，在通用性上大打折扣。本章提出的方法能够运用到任意通用计算平台中，既提高了保护粒度，又减轻了基于虚拟化的方法中 VMM 监控所有虚拟机造成的庞大系统开销。除此之外，基于 VMM 的保护方法多基于软件，对硬件攻击显得较为脆弱，我们的方法对现有研究进行了扩展，能够检测并防范硬件攻击。

近年来逐渐兴起的可信计算技术使得校验操作系统的方法进一步走向了实用。然而，传统的基于可信计算思想的方法虽能够确保平台可信启动，并且正确加载未被更改的操作系统，但基于 TPM 的系统在运行时仍旧对物理攻击者显得十分脆弱[147,148]。即使没有物理攻击者，这些方法也可能被基于软件的运行态攻击破坏[67]。针对这一点，本章的研究对该类方法进行了扩展，不仅将信任链延伸到应用程序，而且考虑了程序运行态的软硬件安全保护。

4.3 威胁与假设

在信息安全领域的研究中，没有绝对的“安全”，只有相对的“安全”，不存在任何一个系统，能够防范所有已知和未知的安全威胁，因此，在展开研究时需要首先对安全威胁进行分析与约束，使之明晰化，并且这一工作必须合理地考虑到相关系统的使用环境。本节首先结合不断发展的信息系统环境，分析目前高安全需求环境所面临的安全威胁；然后在此基础上，我们在“假设”部分结合本研究的具体环境和应用需求，进行一些前提性的假设，并界定出本章研究的信任边界；最后在“代表性攻击”部分给出一些典型的攻击方式。

4.3.1 威胁

目前，大多数计算机安全领域的专家通过软件方案保护安全敏感软件。这些方法能够通过减轻部分威胁（如网络入侵）的方式提高安全性，但它们通常无法应付两类重要的威胁：被攻陷的操作系统发起的攻击与硬件

攻击。

由于这两类攻击本身都处在极高特权级（底层操作系统）或直接处在特权级限制之外（硬件），因此它们能够绕过仅部署于软件层面的安全方案，这也就意味着它们能够探听或破坏目标平台中的高安全需求操作。许多攻击者通过找寻操作系统代码中的漏洞，获取底层操作系统的控制权，进而对目标软件发起攻击。除此之外，随着硬件攻击的层出不穷，来自硬件的安全威胁也已经迅速扩大，而由于安全敏感软件中的关联信息往往意义重大，为换取高价值的机密信息，攻击者更有可能使用成本较高却较为有效的硬件攻击。因此，对于安全敏感软件而言，这两类攻击决不可忽视。忽视这两类攻击，意味着攻击者将能够窃取或破坏经济、政治、军事及个人隐私中的机密信息。

一般来说，软件开发人员会将操作系统作为可信的资源管理者来看待，内存、磁盘存储区和I/O设备都由操作系统管理与调度。这种假设便于应用程序之间的资源共享，而无须干扰到应用程序的正常执行。然而，随着操作系统代码量的不断增大[149]，已经有许多安全领域的研究者对这一假设提出了质疑[117,138,139]。操作系统庞大的代码量、复杂的结构、灵活的可扩展性和高频率的更新与升级使得验证其正确性与安全性变得非常困难。事实上，操作系统正是漏洞百出[149]，越来越多的攻击者通过利用操作系统漏洞侵入目标平台，安装恶意程序用以对操作系统和应用程序进行监视与破坏[150]。并且，攻击者还能够使用叫作“RootKit”的方法来隐藏自己的行踪，避免攻击行为被感知[151]。

除此之外，硬件或物理攻击也逐步成为一类严重的威胁。随着制造工艺的变革和嵌入式系统的发展，计算终端已经越来越小型化、移动化，这在为人们的使用带来便利的同时，也增大了计算设备遗失或被盗的可能性，攻击者更容易获取对计算设备的物理访问能力，从而发起硬件或物理攻击。对于经济、政治、军事等高安全需求领域而言，由于其机密信息价值巨大，攻击者往往不计较攻击成本，对目标平台具有访问权限的人员也很有可能被买通而向目标平台发起硬件攻击。一旦攻击者获得了物理访问能力，就能偷走硬件设备，用恶意芯片或外设进行替换[152]，或者在外部总线安装探测设备[153]。这些攻击能够有效窃取机密信息、伪造数据或执行恶意代码。因此，攻击者对计算平台的物理访问能力和其对攻击成本的更大投入，将严重威胁到高安全需求领域的信息安全，如何防范硬件攻击将成为高安全需求领

域必须面临的重要问题。

4.3.2 研究范围与假设

从威胁分析可以看出，计算平台所处的环境错综复杂，特别是军事、经济等领域的核心计算平台不仅需要面对来自恶意软件的安全威胁，还需要面对来自操作系统的安全威胁和来自硬件层面的物理安全威胁。

传统的可信计算方法假设整个计算机的硬件系统是安全的，也就是不会受到针对计算机硬件的攻击。然而，随着科技发展，针对计算机硬件的物理攻击日益增多，一个具备平台物理访问权限的攻击者很容易对磁盘等设备进行物理分析或篡改，已经不能简单地假设整个计算机的硬件安全。

在现阶段，得益于高集成度的分级制造工艺，使得要想在不破坏其功能的情况下成功探测处理器或 TPM 是极其困难的。因此，在假设处理器与 TPM 不存在设计缺陷、硬件木马或病毒的情况下，本章将硬件安全边界从计算机的整个硬件系统缩小到处理器芯片[117,128,139]和 TPM，而内存、磁盘及其他的物理外设都被认为是不可信的，容易遭到攻击。

软件方面，应用程序及被攻击者控制的操作系统都有可能对安全敏感软件所处的内存或硬盘发起嗅探、篡改等攻击，严重威胁软件的机密性与完整性，因此，所有处在处理器和 TPM 之外的软件都是可能受到攻击的。

本研究主要从计算平台的角度考虑目标实体的可信加载，运行过程中机密信息的动态保护及安全存储，与目标实体自身的设计无关，因此，本章假设目标实体经过精心设计，其自身缺陷不在本章的研究范围内。

本章在考虑软件攻击的同时对针对计算平台的部分硬件攻击也进行了研究，目前主要保护内存动态信息的完整性和磁盘静态信息的机密性与完整性，防止攻击者使用硬件攻击篡改内存机密信息、窃取或破坏磁盘信息。由于内存加解密需要对处理器进行适当修改，因此物理内存的机密性暂不在本章研究的范围内，未来研究会逐步将内存机密性保护包含进来，并考虑其他代表性的硬件攻击。

本章与大多数软硬件安全体系结构[117,128,138,139]相同，不考虑侧信道攻击。加之一些电路设计技术已经可以有效地减少侧信道攻击所能获得的信息[154-156]，因此我们假设 CPU 与 TPM 不会受到能量分析与电磁辐射等侧信道攻击的干扰。本章也不考虑总线泄漏问题，目前这一问题已经有许多代表性的解决方案，能够有效防止地址总线泄漏[157,158]与基于缓存的总线攻击[159-161]，如何将这些方法整合到高安全需求环境构建方法中，是我们下一步的工作重点。

强类型语言（如Java[162]、Python[163]和Lisp[164]）和安全设计方法学[165,166]的合理运用，能够降低软件意外行为的风险，从而避免造成可利用的软件漏洞。虽然这些方法能够提高软件系统的安全性，但它们并没有给出正确性的形式化证明。定理证明[167]和特殊目的程序语言[168]能够用来自动化验证最终的软件产品。这些方法能够对软件的属性给出形式化的证明，但是即便只是验证一些类似于指针安全的简单属性，这类方法都会对软件的开发周期造成显著的额外开销。当遇到诸如“应用程序的安全加载”或“安全联网”等复杂的安全属性时，目前的方法学还无法验证。并且，这些证明方法基于多层假设，包括理想化的底层硬件及要求目标软件具备特定的结构，这样才能够映射到定理证明器中的形式化模型。复杂的实际系统往往难以具备这些较强假设，因此，形式化证明软件部件的正确性与安全性不在本章的研究范围内。

本章关注于保护计算平台中目标信息的机密性和完整性，隐私性问题不在本章的研究范围内。本章考虑由攻击者操作造成的攻击，而不考虑在平台设计与制造过程中隐藏的攻击（如硬件木马等），本章暂时也未考虑拒绝服务攻击。值得注意的是，本章虽然考虑了部分可靠性问题，但并未考虑平台硬件的可靠性和可用性（我们假设构成平台的芯片、主板都是可靠、可用的），类似于IBM 4758的硬件加固问题，同样不在本章的研究范围内。

4.3.3 代表性攻击

前文已经对本章研究所针对的安全威胁、本章的研究范围和假设进行了分析与阐述，本节主要介绍一些在本章研究范围内的代表性攻击，进而与4.5节实验分析相对应，论证“面向安全敏感软件的可信环境构建方法”的安全性与有效性。

4.3.3.1 TPM Reset Attack（TPM重置攻击）

TPM的可信存储、度量与报告机制有一个前提条件，即系统正常运行时不允许TPM重置，否则攻击者就能够通过重置TPM而擦除存储在其中的软件身份特征。实际上，TPM芯片连接的是LPC（Low-Pin Count）总线。该总线是低速总线，物理攻击者很容易控制这类总线的信号。这些信号中，总线复位信号能够初始化所有连接到LPC总线设备的启动顺序。攻击者通

过将复位信号所对应的电路接地，能够在不重启平台的前提下直接将包括TPM在内的LPC总线上的设备复位。

目前，文献［147］已经在TPM增强平台上实现了TPM重置攻击。该攻击在恶意软件获得CPU控制权后，通过物理攻击控制LPC总线的复位信号，在平台正常运行时重置TPM，从而清除存储于TPM内部的恶意软件度量值。清除原度量值后，再向TPM写入事先准备好的可信软件的测量值，从而成功地将TPM中的度量值进行了替换。此后，TPM在远程证明时会向远端报告一个好的软件，然而实际上是恶意的软件在控制着CPU。

4.3.3.2 XBOX攻击

对Microsoft XBOX安全系统的攻击是一种典型的针对安全敏感硬件的物理攻击[153]。在这个攻击中，攻击者将一个自制的设备添加到位于内存控制器和I/O控制器之间的主板总线上。这个攻击设备是一个数据记录器，目的是获取用来初始化XBOX安全引导序列的秘密启动扇区的信息。当启动过程中启动扇区在总线上传输时，数据记录器能够获取到它的密文信息，之后通过分析找出解密启动扇区的明文密钥。在攻击者解密启动扇区之后，能够从中获得足够的信息用于创建自己的启动扇区，从而能够绕过数字版权管理的检查启动XBOX并加载软件。这种攻击的意义在于能够通过硬件监听的方式获取目标硬件平台的启动信息。

4.3.3.3 Cold Boot Attack（冷启动攻击）

已经有研究表明，基于TPM的系统对一些特殊类型的攻击十分脆弱。这些攻击并非利用TPM的设计缺陷，而是利用了TPM对物理攻击疏于防范的缺点。冷启动攻击[148]就是其中之一，它能够轻易地从软件的内存状态中提取出与之对应的TPM对称密钥。由于软件需要执行解密操作，因此它需要从TPM中获取密钥的明文并存放在主存中。冷启动攻击将平台断电并在重启时装载恶意软件，利用断电前RAM芯片的剩磁（剩余磁化强度）从主存中提取密钥。虽然由于恶意软件的身份与密封对称密钥的原实体不同，TPM会拒绝解密对称密钥块，但是，RAM芯片的剩磁却使得恶意软件能够读取仍存储在RAM芯片中的明文密钥。这种方法能够获得整个密钥，从而使攻击者能够解密所有用该密钥加密的数据。另一个版本的攻击使用冷却喷雾加强RAM芯片的剩磁，使得攻击者有时间把芯片转移到另一个设备上，再用该设备读出密钥。目前，冷启动攻击已经可以用来攻击包括Microsoft Vista操作系统的BitLocker在内的商业硬盘加密系统[148]。

4.3.3.4 Cipher Instruction Search Attack（密文指令搜索攻击）

Kuhn 等人提出的密文指令搜索攻击[152]是一种针对安全处理器的物理攻击方法。该方法通过监听总线，对总线信息进行分析。密文指令搜索攻击证明：对于硬件攻击者而言，仅对总线加密仍然是脆弱的。密文指令搜索攻击者构建了一个硬件攻击设备，并把它插在 CPU 和 RAM 芯片之间，用于攻击总线加密模式，并且揭露出处理器指令和它们的密文之间的关系。这个硬件设备记录下内存流的踪迹，并把它们和正在执行的软件与外部世界的相互作用联系起来。从这些信息中，攻击者猜测具体指令的可能的密文，并且把它交给处理器处理。之后，攻击者观察所猜的密文对外部世界的作用。例如，是不是在并口上输出了一个值为 0x12 的字节信息？使用这种方法，密文指令搜索攻击能够构建处理器操作与密文指令之间的对应关系表，再进一步通过对总线数据的篡改，使安全处理器为攻击者工作。

4.4 面向安全敏感软件的可信环境构建方法

4.4.1 方法概述

在威胁分析中已经提到，安全敏感软件可能在不可信的软硬件环境中工作，面临多种硬件威胁和软件威胁。因此，为了构建面向安全敏感软件的可信环境，需要确保目标软件的可信启动，并在不可信的操作系统中为其构建安全的运行环境和安全的存储环境，防止其受到来自软硬件的攻击。

针对以上问题，我们提出面向安全敏感软件的可信环境构建方法，该方法把 ETPM 作为平台的信任根为平台提供可信支撑；将传统可信计算的信任链从操作系统延伸到安全敏感软件，从硬件底层保障目标软件的可信加载；通过内存保护与文件监控，为目标软件构建可信的运行环境；以 ETPM 中的硬件独立安全存储空间为基础，为目标软件构建灵活可扩展的可信存储空间，从而最终建立面向安全敏感软件的可信环境。面向安全敏感软件的可信环境核心架构如图 4-1 所示。

安全敏感软件的设计细节和源代码都是机密信息，开发人员不会公开，并且在其开发过程中，也很少根据将来可能的保护方式预留保护接口。在软件投入使用之后，平台管理者极有可能只能使用安全敏感软件，而对其内部结构和源代码信息毫无了解，也无从修改，因此，从软件的设计过程及软件

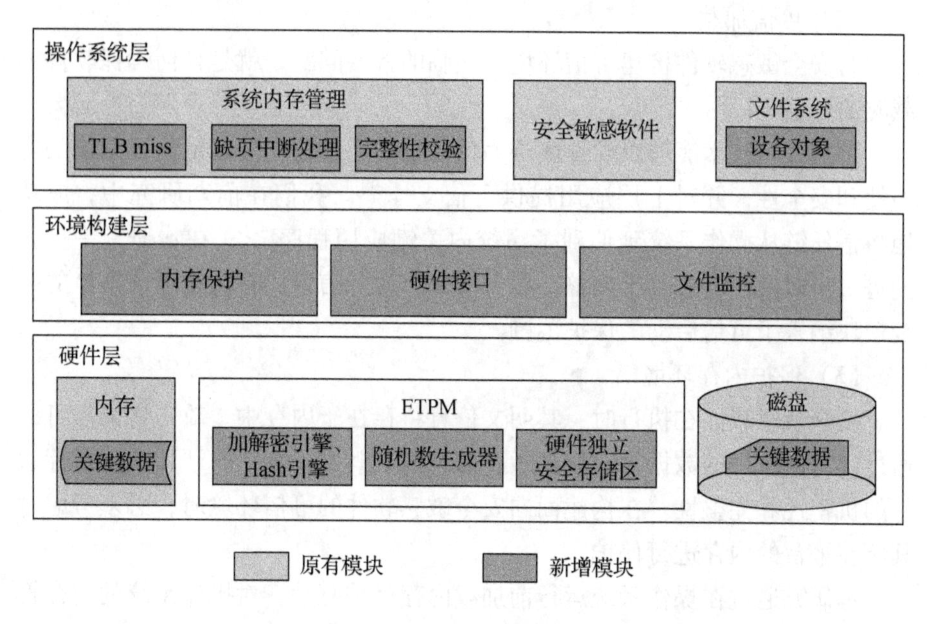

图 4-1 面向安全敏感软件的可信环境核心架构

源代码角度出发的软件保护方法便难以使用。

要想在通用计算平台中保护已经成型的安全敏感软件，采取的方法应当具备与目标软件代码低耦合的特性。从图 4-1 可知，本方法无需对安全敏感软件源代码进行任何修改，也无须知道其功能信息，从而更加符合安全敏感软件的特点，并具备较高的普适性。

本方法包括硬件、环境构建与操作系统 3 层。其中，硬件层的 ETPM 为整个系统提供安全支撑，确保安全敏感软件的可信加载；环境构建层主要通过向操作系统加载驱动的方式，对操作系统的内存管理和文件系统管理做出适当修改，并向应用层提供硬件接口；操作系统层主要包括修改后的系统内存管理和文件系统，从而向安全敏感软件提供可信的运行环境与存储环境。主要方法如下。

(1) 扩展可信平台模块（ETPM）

ETPM 是整个系统的信任根。ETPM 具备硬件加解密引擎、Hash 引擎、密钥产生器、随机数生成器等安全协处理能力，并且内置非易失性安全存储区，从而能够为可信加载、内存保护和安全存储提供支撑。

ETPM 的结构与设计请参见本书第 2 章，本章不再详述。

（2）可信加载

为安全敏感软件构建可信环境时面临的首要问题，就是如何确保软件加载时的可信。

可信计算技术能够以硬件底层为信任根，通过建立信任链保证系统的完整性和安全性，并对上层应用提供可信支撑[1]。我们在前期研究中，成功地将信任链从操作系统延伸到了系统内关键应用程序[42]；在本研究中，我们进一步对信任链进行了调整，以 ETPM 作为可信根，将构建可信环境的关键模块纳入了可信启动的保护范围。

（3）保护内存环境

安全敏感软件在执行时，其明文信息将存在于内存中，攻击者依然可以通过读写内存中的数据，窃取其敏感信息或对其进行篡改，严重威胁目标软件的机密性和完整性。在构建面向安全敏感软件的可信环境时，必须考虑对其所在平台的内存进行保护。

本研究通过在操作系统运行前加载内存保护驱动，对操作系统的内存管理模块做了一定的修改：在发生缺页中断时，对系统块表（Translation Lookaside Buffer，TLB）进行修改，使得在不影响安全敏感软件正常工作的前提下，阻止攻击者对其内存的读取与篡改，保护虚拟内存信息的机密性与完整性。除此之外，为防范针对内存的物理攻击，本研究结合作者所在科研团队提出的“面向内存资源的动态完整性度量（Dynamic Memory Integrity Measurement，DMIM）模型”，保护物理内存信息的完整性。

通过对虚拟内存和物理内存的保护，能够有效防止针对内存敏感信息的软硬件攻击，从而确保安全敏感软件内存环境的安全。

（4）文件保护

安全敏感软件以文件的形式体现在操作系统中，攻击者能够通过非法复制、删除、重命名等方式获取或破坏其文件，威胁安全敏感软件的机密性和完整性。

文件保护方法在操作系统与磁盘之间插入了一个文件监控器，并将其绑定到文件系统的设备对象，从而该监控器能够获取用户对文件的操作信息并进行分析，能有效防止恶意用户对文件的非法操作，并为安全敏感软件的安全存储提供接口，以实现软件数据的透明加解密。

（5）安全存储环境

磁盘作为安全敏感软件的存储系统，本身并不可信，攻击者可以轻易通

过软硬件攻击获取磁盘信息。因此，在面向安全敏感软件的可信环境构建的过程中，必须考虑对其存储空间的保护。

我们建立了一种灵活可扩展的安全存储环境构建方法，该方法以 ETPM 中的硬件独立安全存储区为基础，向安全敏感软件所在磁盘扩展出与软件相对应的磁盘安全存储区。安全敏感软件通过文件保护层的特定接口向存储区读写数据，确保数据的机密性与完整性。

4.4.2 可信加载

随着可信计算技术的快速发展，可信计算领域的研究人员就计算平台的可信启动展开了广泛的研究，我们已经在本书的第 3 章对信任度量理论和信任链扩展方法进行了深入的讨论，提出并实现了具有数据恢复能力的星型信任模型。现有技术已经能够保证操作系统的可信启动，然而，这只能保证系统加载时的可信，攻击者往往是在操作系统启动之后发起攻击，因此，操作系统的可信启动并不代表其上的应用程序是安全的，要为安全敏感软件构建可信环境，首先必须确保安全敏感软件的可信加载。

在方法概述中已经谈到，面向安全敏感软件的可信环境构建方法还包括内存保护、文件保护和安全存储等多个方面。这些方法的关键模块都以文件的形式存在于操作系统中，与目标软件一样容易受到安全威胁。为了确保可信环境构造方法本身的安全性，我们对传统可信计算的信任链做了延伸，在操作系统启动后将其延伸到关键方法和安全敏感软件，确保软件可信加载。

安全敏感软件可信加载如图 4-2 所示。

我们在前期研究中，已经成功地将信任链从操作系统延伸到了系统内关键应用程序[42]，因此，这里主要讨论系统启动后的信任链延伸方法，完整性验证的具体流程与技术请参阅本书第 3 章和文献［42］。

在本研究中，我们对信任链进行了调整，以 ETPM 作为可信根，将构建可信环境的关键模块纳入了可信启动的保护范围。图 4-2 中被校验模块的散列值在系统初始化时事先被存储于 ETPM 中，安全敏感软件加载时，ETPM 首先检查内存保护驱动与文件保护驱动的完整性，防止攻击者破坏软件的内存保护和文件监控；该校验通过后，然后对硬件接口进行校验，硬件接口的安全可信保证了系统软硬件交互的安全性；最后，ETPM 对安全敏感软件所在的磁盘安全存储区进行校验。只有所有校验通过，才允许加载软件，否则结束加载过程，表示当前安全敏感软件所处环境不可信，或者软件本身

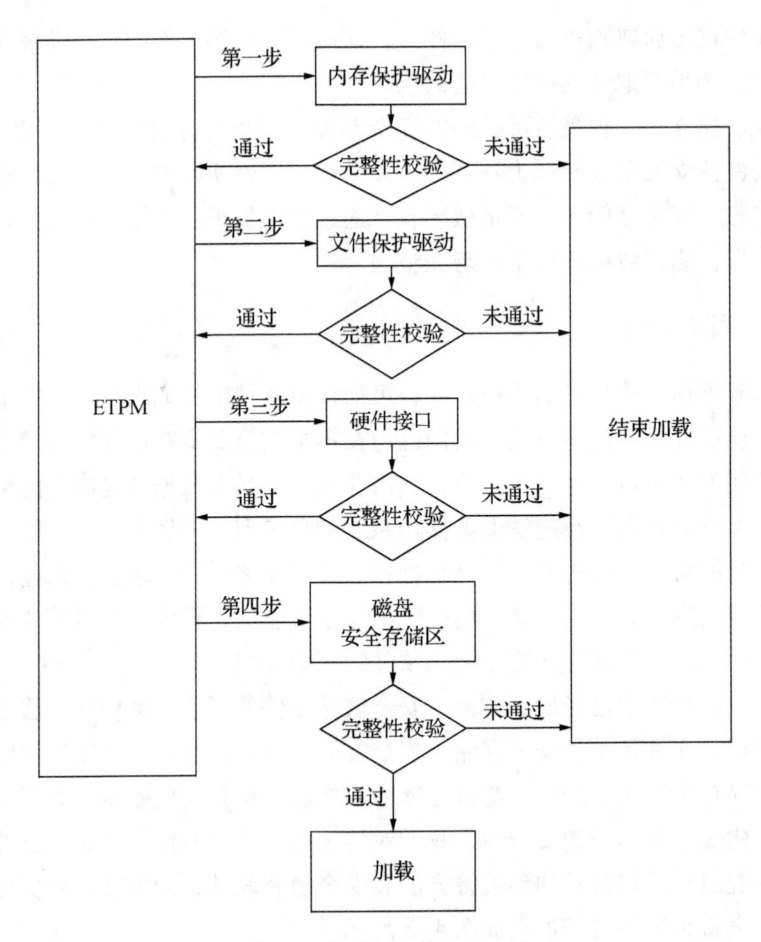

图 4-2　安全敏感软件可信加载

已经遭到攻击。

4.4.3　内存保护

安全敏感软件在加载之后，其部分信息将以明文形式调入内存，以便处理器执行，攻击者依然可以通过攻击内存获取安全敏感软件的机密信息。因此，对软件所在内存环境的保护不可或缺。考虑到安全敏感软件所处环境的复杂，既可能受到软件攻击又可能遭受物理攻击，我们的内存保护方法包括内存隐藏与内存校验两方面。

4.4.3.1 内存隐藏

现有多种内存保护方法，如普林斯顿大学 Ruby B. Lee 研究团队提出的安全体系结构[118]，采用修改 TLB 标志位与内存访问规则的方式进行内存隔离与隐藏，从而保护平台的内存安全。该研究获得了很高评价，但其方法需要修改处理器指令和操作系统内核的某些关键区域，因此，该方法受到现有处理器和操作系统的制约，在通用计算平台中并不适用。我们通过研究操作系统的内存访问方法，设计并实现了一种更为通用的内存隐藏方法。

在操作系统中（以 Windows 为例）应用程序访问物理内存的过程如图 4–3 所示。

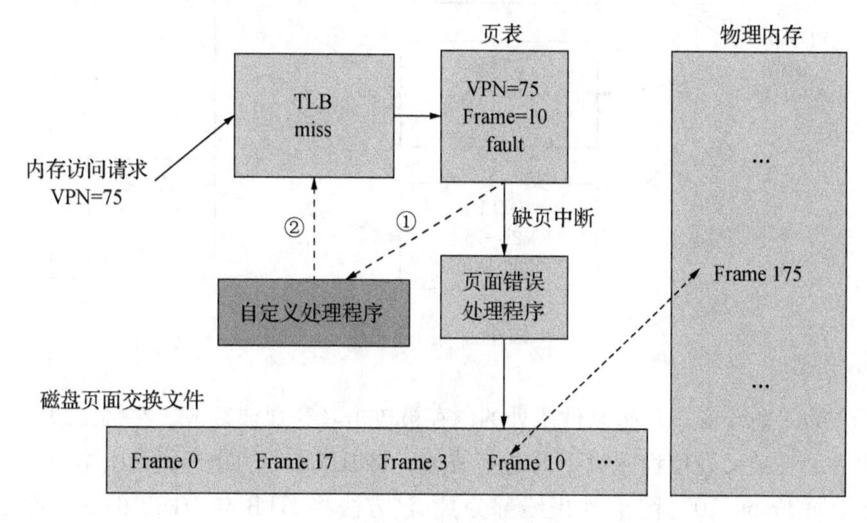

图 4–3 内存访问示意

当 CPU 对虚页号 VPN = 75 的内存页发出访问请求时，系统会首先到 TLB 中进行查找转换，若出现“TLB miss”，则进一步查找页表，确定要访问的虚页对应物理帧 10（Frame 10），存在标志位为“fault”。此时将产生缺页中断，错误处理程序在磁盘页面交换文件中查找到该帧，调入内存完成此次访问请求（如果此时内存已满，则根据特定算法与物理内存中某页面交换）。

应用程序执行时，代码段和数据段都位于内存中，基本的内存访问形式为执行、读、写，而与之对应，操作系统将 TLB 分为对应执行访问的 ITLB 和对应读写访问的 DTLB。为了对安全敏感软件所处的内存环境进行保护，

可以截获缺页中断，使之指向预先写好的自定义处理程序（图 4-3 中①），然后通过该处理程序修改 TLB（图 4-3 中②），将其中的 DTLB 指向无效页面，使得程序拒绝对其所在内存页面的读写访问，但是能够正常执行。

在通常情况下，TLB 中的 ITLB 与 DTLB 保持同步，对于一个给定的页保存相同的物理映射。在图 4-4 中，假设 Frame 10 为应用程序的物理页面，则正常情况下内存访问过程如实线所示。

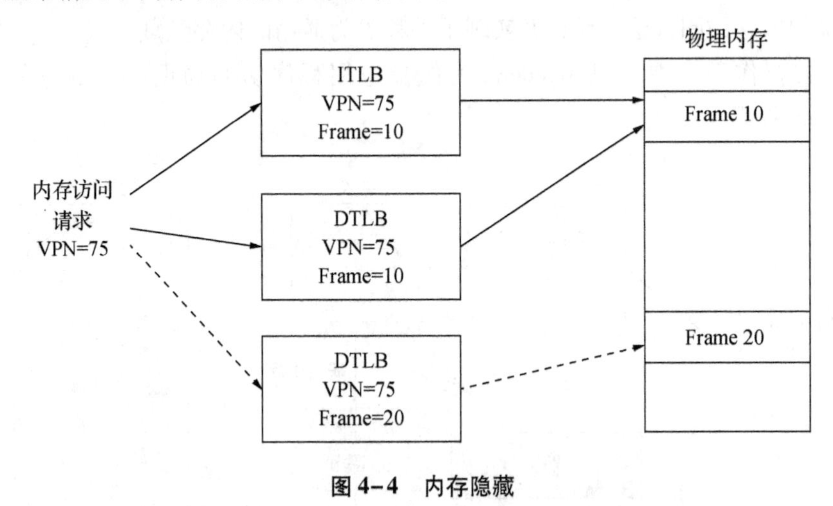

图 4-4　内存隐藏

为了防止安全敏感软件所处的内存被攻击者窃取或篡改，在触发缺页中断后，自定义处理程序对 TLB 进行修改，将 DTLB 中的物理页索引指向一个无效页 Frame 20（图 4-4 虚线部分）。该方法将 ITLB 与 DTLB 的一致性打破，使得程序执行时能够通过 ITLB 正确找到物理内存页，从而不影响程序的正常执行；当攻击者试图通过读内存的方式窃取内存信息，或者通过写内存的方式篡改关键数据时，由于访问内存时 DTLB 对应到物理内存中的无效页，将无法访问到安全敏感软件所处的内存区域。

通过这种方法，我们能够成功地将安全敏感软件所关联的内存与周围环境相隔离，任何未经允许的对目标内存区域的读写操作都将访问到无效页，从而防止了攻击者通过软件手段对安全敏感软件内存信息的窃取与破坏。

4.4.3.2　内存校验

安全敏感程序在运行过程中，不仅可能遭到软件攻击的破坏，还可能遭到硬件攻击等绕过操作系统的内存篡改。因此，为防范针对内存的物理攻击，我们结合 DMIM 架构，保护物理内存信息的完整性。

在具体可信计算平台中，DMIM 的保护对象为加载到内存中的可执行文件映像。以 Windows 为例，当存储在磁盘中的可执行文件通过操作系统加载器被装入到内存后，其结构映像如图 4-5 所示。

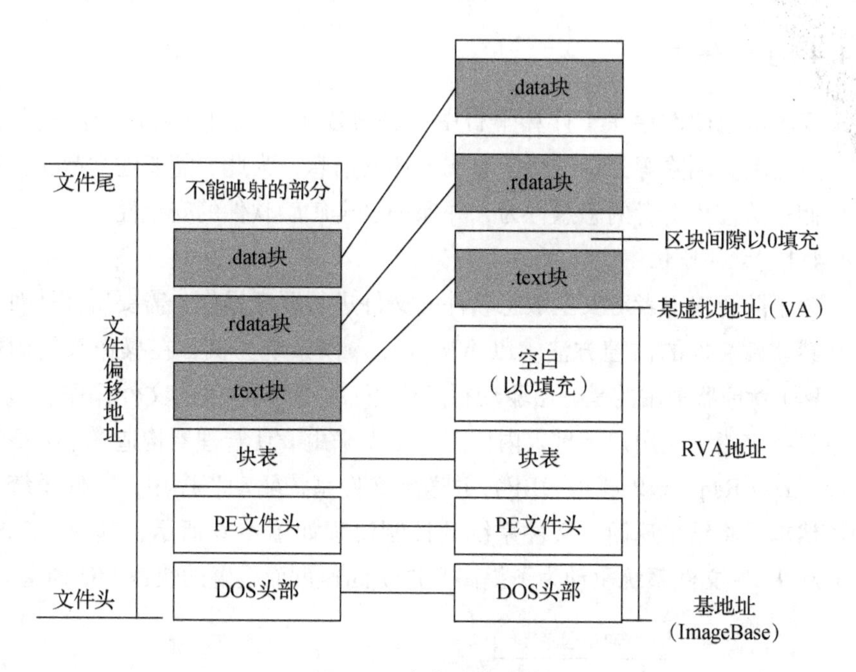

图 4-5 内存映像结构

内存中的模块代表着与目标进程相关的代码、数据、资源、输入表、输出表及其他有用的数据结构。目标进程的内存都存放在一个连续的内存块中，在内存动态完整性保护中，我们只需要知道装载程序文件映像到内存后对应模块的基地址 ImageBase、程序文件映像大小 SizeOfImage 及对应进程 Pid 即可。在实现过程中，遍历进程模块链表找到可执行文件对应的模块，进而获得参数 ImageBase。在 IMAGE_OPTIONAL_HEADER 结构中查找 SizeOfImage参数。最后将这些参数传递给 DMIM 的底层内核驱动程序。

DMIM 截获对受保护进程空间的读写访问操作后，根据被访问的进程号判断当前进程是否正在访问受保护进程空间。根据访问地址遍历高频子树记录域，以确定在哪个子树的覆盖范围之内，然后调用内核读内存服务例程，将访问地址对应的子树叶子节点数据全部读取出来进行完整性校验。DMIM 架构会在完成写入操作后对该子树进行更新操作。

运行态内存保护方法从内存角度为安全敏感软件提供了安全的运行环境，使其有效防止攻击者针对内存高敏感数据的窃取与篡改（效果详见本章4.5节）。

4.4.4 文件保护

安全敏感软件存在于计算平台中，恶意攻击者很可能通过非法复制文件、重命名、删除等方式试图获取或破坏其信息，为此，需要建立起文件保护机制，监控攻击者的恶意行为，并保护安全敏感软件的安全性。

4.4.4.1 文件监控

为了防止攻击者对安全敏感软件的文件进行恶意操作，需要研究针对安全敏感软件文件的监控方法。以 Windows 操作系统为例，在操作系统内核中，I/O 管理器采用的是分层驱动程序模型：应用程序发起文件操作后，系统通过特定指令从用户态进入内核态，接下来由 I/O 管理器构造一个 I/O 请求包（I/O Request Packet，IRP）并送到文件系统驱动程序中，文件系统处理该请求后将结果返回。文件系统的控制流程如图 4-6 所示，其中，FAST I/O 为 NTFS 文件系统驱动为了提高文件访问速度而设置的快速 I/O 通道。

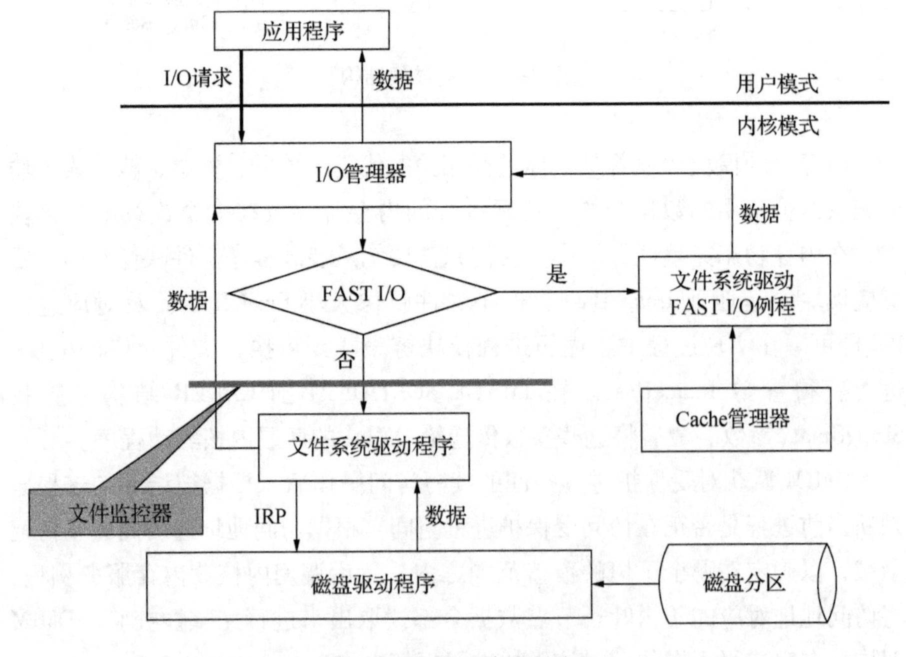

图 4-6 文件系统控制流程

为了对文件进行监控，先要确定监控点。以上驱动程序模型允许一个驱动程序构造一个匿名的设备对象，并把它附着于另一个设备对象。在这种情况下，I/O 管理器会首先把 IRP 传递给此匿名设备对象，经过匿名对象的处理之后，才会发给真正的目标设备对象。因此，通过将文件监控器作为匿名设备对象附着在文件系统驱动的设备对象中，就可以对文件进行监控。

由于文件监控器位于应用程序与文件系统驱动之间，故它可监控文件的任何操作。当应用程序发起任意一个文件操作的请求时，I/O 管理器首先将 IRP 传递到文件监控器，文件监控器截获到 IRP 后，根据需要处理该 IRP（如对文件加解密，防止文件非法复制、重命名等），处理完后再由文件监控器将此 IRP 传递给文件系统驱动，最后将文件系统处理结果通过 I/O 管理器返回用户进程。

4.4.4.2 文件处理

当用户进程打开文件时，I/O 管理器发出一个打开文件的 IRP 请求包，由图 4-6 可知，此请求包会被文件监控器截获，文件监控器判断请求类型为打开文件请求后，分别设置文件标志：是否读时解密（DecryptOnRead），是否写时加密（EncryptOnWrite）等，为后续文件处理做好准备。

当用户进程保存文件时，I/O 管理器发出一个写文件的 IRP 请求包，此 IRP 请求包被文件监控器截获，文件监控器判断文件的标志位 EncryptOn-Write 是否为真。若为真，调用硬件对文件进行加密，并存储于该安全敏感软件的安全存储空间中；否则，交由文件系统驱动处理完成该 IRP。

当用户进程读取文件时，I/O 管理器发出一个写文件的 IRP 请求包，此 IRP 请求包被文件监控器截获，文件监控器判断文件的标志位 DecryptOn-Read 是否为真。若为真，从安全存储区取出相应文件并调用硬件对文件进行解密；否则，交由文件系统驱动处理完成该 IRP。

当用户进程复制或重命名文件时，I/O 管理器发出相应的 IRP 请求包，此 IRP 请求包被文件监控器截获，文件监控器判断该文件是否为需保护文件。若是，则文件过滤驱动将此 IRP 终止，IRP 返回，复制重命名操作被禁止。否则，交由文件系统驱动处理完成该 IRP。

通过建立文件保护机制，能够对软件数据进行透明加解密，即在用户正常使用的同时自动将软件数据加密存储，解密读取。除此之外，文件保护机制还能有效防止攻击者对文件的恶意删除、重命名以及非法复制（效果详见本章 4.5 节）。

4.4.5 安全存储

对于安全敏感软件而言，存储环境的安全至关重要。安全敏感软件的安全存储环境基于底层硬件的一片存储空间，该存储空间与磁盘相独立。安全存储环境设计如图 4-7 所示。

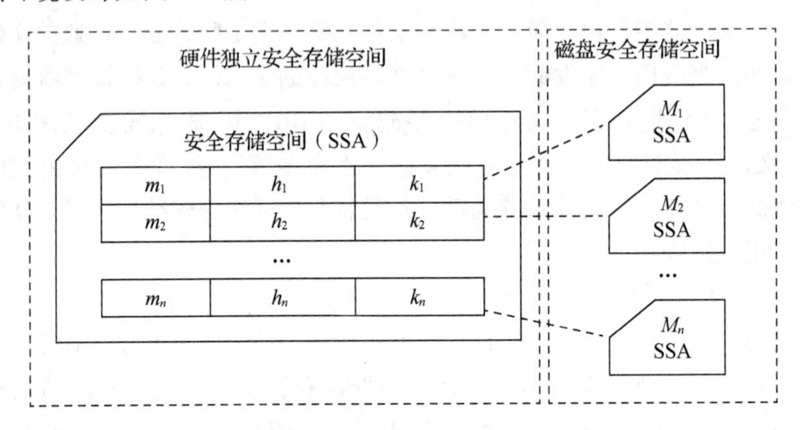

图 4-7 安全存储环境

安全敏感软件的安全存储环境由两部分构成：硬件独立安全存储空间、磁盘安全存储空间。

在威胁分析中已经讲到，磁盘本身容易受到来自攻击者的安全威胁，并不属于安全边界之内。为了保护磁盘安全，需要在安全边界内设立一片与磁盘独立，只能由硬件底层访问的独立安全存储空间，该空间可以存在于 ET-PM 的非易失性存储器中，也可以存在于闪存芯片中。

硬件独立安全存储区的结构如图 4-7 所示，其安全存储空间（Secure Storage Area，SSA）由多个三元组组成。

定义 4-1：集合 $M = \{m_1, m_2, \cdots, m_n\}$ 表示安全敏感软件的集合，其中，m_n 表示安全敏感软件 n。

定义 4-2：集合 $H = \{h_1, h_2, \cdots, h_n\}$ 表示安全敏感软件所处磁盘存储区的散列值的集合，其中，h_n 表示安全敏感软件 n 所处磁盘存储区的散列值。

定义 4-3：集合 $K = \{k_1, k_2, \cdots, k_n\}$ 表示密钥集合，其中，k_n 表示安全敏感软件 n 所对应磁盘存储空间的加解密密钥。

三元组（m_n，h_n，k_n）表示安全敏感软件 n 的安全存储元组，每个元组对应一个安全敏感软件，以列表形式存储于硬件独立安全存储空间中。

磁盘安全存储空间是存储环境中与安全敏感软件直接关联的存储区域，其中，M_n SSA 与安全敏感软件 m_n 对应。该区域位于平台磁盘中，受到硬件独立安全存储空间的保护。

以安全敏感软件需要读取磁盘信息为例，文件保护机制首先检测到软件对磁盘的访问请求，并获取其身份标识 m_n，然后访问处于安全边界之内的硬件独立安全存储空间，最后 ETPM 以 m_n 为索引搜索与之对应的安全存储元组。若搜索不到，则说明 m_n 为伪安全敏感软件，阻止其运行；若能搜索到，则将对应的安全存储元组读出。

ETPM 获取 m_n 的安全存储元组后，首先使用 h_n 对磁盘安全存储区中的 M_n SSA 进行完整性校验。若校验不通过，说明磁盘存储空间中的信息遭到了篡改，终止访问并报错；若校验通过，ETPM 使用 SSA k_n 将安全敏感软件所需访问的信息解密，并通过文件保护机制将其返回给安全敏感软件，完成信息的读取过程。即便攻击者通过硬件攻击手段修改了磁盘信息，ETPM 也能够在 M_n SSA 的完整性校验过程中检测到该篡改攻击。

软件对磁盘安全存储区的写入操作与读取过程类似，不同之处在于完整性校验通过后，ETPM 会使用 SSA k_n 对数据加密之后存储，重新计算 M_n SSA 的 Hash 值，并更新 SSA h_n。该过程能够有效防止针对磁盘信息的重放攻击，因为 SSA h_n 中存储的是存储空间的最新状态，攻击者重放的任何旧状态都无法通过校验。由于数据是在被加密并且 Hash 后存储，因此即便是不可信的文件系统管理者通过不可信的磁盘驱动对数据进行操作，数据也能够被安全地写入磁盘。

安全存储空间的建立，为安全敏感软件提供了安全的存储环境，能够有效防止攻击者通过对磁盘进行软件攻击或硬件攻击，威胁目标软件的机密性与完整性，并且，该方法能够支持多个安全敏感软件的安全存储，具备很高的灵活性与可扩展性。

4.5 实验分析

为了验证本方法的实用性与安全性，本科研团队在与某单位合作项目中，在通用 PC 上实现了面向安全敏感软件的可信环境构建方法。本节将结合实际系统，展示我们提出方法的实现过程和对目标软件的保护效果，并对开销和安全性等问题进行分析。

4.5.1 实验系统

由于本方法涉及安全敏感软件所在平台的软硬件系统，因此在实现过程中必须对平台的软硬件做相应的扩充。

在硬件方面，通用 PC 并不具备足够的底层硬件，为此，我们设计了一款 PCI 板卡，通过 PCI 总线与平台交互，为上层软件提供安全支撑。由于传统 TPM 自身不具备对称密码引擎，因此，我们采用本书第 2 章的方法将其扩展为“扩展可信平台模块（ETPM）”。

在具体实现过程中，我们使用 PCI 9054 芯片作为 PCI 接口芯片，负责底层硬件支撑平台与主机的交互；使用密码芯片 J2810 与 FPGA 相结合作为系统的 ETPM，主要实现硬件对称加解密、随机数生成、Hash 运算等工作；FPGA 同时负责 PCI 卡本地接口；另外还有一块闪存芯片作为硬件独立安全存储空间。其余辅助芯片在此不再详述，硬件支撑板卡实物如图 4–8 所示。

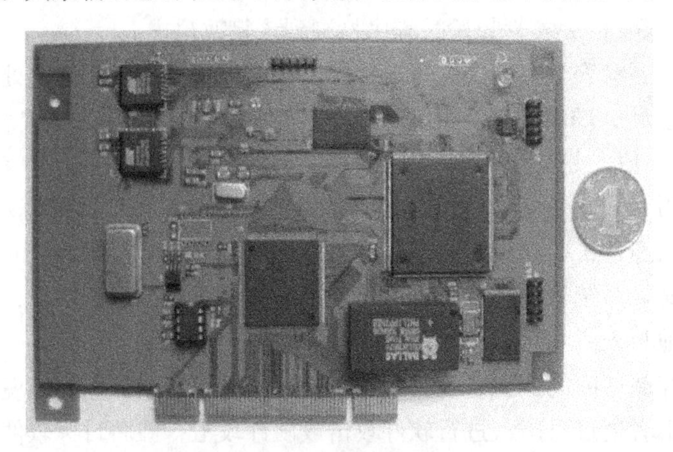

图 4–8　硬件支撑板卡

在软件方面，为了验证本方法的普适性，我们在不开源的 Windows 系统中进行实验验证。由于 Windows 本身不开源，为了构建面向安全敏感软件的可信环境，我们分别编写了内存保护机制、文件监控机制和软硬件接口程序，通过驱动加载的形式，将环境构建层加载入操作系统内核中，修改其内存管理、插入文件监控器，并与底层硬件支撑板卡建立交互接口。

为了验证内存保护方法的有效性，我们选择了一款内存读写工具，模拟攻击者对内存信息的窃取。

完成软硬件设计后，本实验系统可在通用 PC 的 Windows 操作系统中为安全敏感软件构建可信环境，保护目标软件（具体效果详见下文）。

4.5.2 实验效果

为了验证实验效果，我们为已经安装在系统中的软件“MyTest”构建可信环境。保护之后，目标软件能够正常运行，并能有效防止内存攻击和非法文件操作。

保护之前，目标软件正常运行。隐私数据（如应用程序）被加载到内存之后，如图 4-9 所示，可以通过 OllyDbg 工具查看到隐私数据的存在，因此，容易被攻击者 dump 或篡改掉隐私数据的内容。

Memory map

Address	Size	Owner	Section	Contains	Type	Access	Initial	Mapped as
00010000	00001000				Priv	RW	RW	
00020000	00001000				Priv	RW	RW	
0022D000	00001000				Priv	RW Gua:	RW	
0022E000	00002000			stack of ma	Priv	RW Gua:	RW	
00230000	00003000				Map	R	R	
00240000	00003000				Priv	RW	RW	
00340000	00006000				Priv	RW	RW	
00350000	00003000				Map	RW	RW	
00360000	00016000				Map	R	R	\Device\Harddi
00380000	00041000				Map	R	R	\Device\Harddi
003D0000	00006000				Map	R	R	\Device\Harddi
003E0000	00004000				Priv	RW	RW	
003F0000	00003000				Map	R	R	\Device\Harddi
00400000	00001000	HELLOWOR		PE header	Imag	R	RWE	
00401000	00005000	HELLOWOR	.text	code	Imag	R	RWE	
00406000	00001000	HELLOWOR	.data	data	Imag	R	RWE	
00407000	00001000	HELLOWOR	.rdata		Imag	R	RWE	
00408000	00005000	HELLOWOR	.bss		Imag	R	RWE	
0040D000	00001000	HELLOWOR	.idata	imports	Imag	R	RWE	
00410000	00041000				Map	R	R	\Device\Harddi
00460000	00041000				Map	R	R	

图 4-9 未加入保护机制时 OllyDbg 下对隐私数据的访问

加入内存隐藏保护机制之后，如图 4-10 所示，隐私数据区被隐藏起来，内存隐私数据区域对 OllyDbg 不可见，攻击者无法 dump 或篡改隐私数据。

利用其他直接读写进程空间的方式对内存隐私数据段进行读写访问，则未加入保护机制时内存隐私数据区域可以轻易地被非法 dump，如图 4-11 所示。

加入保护机制之后，dump 内存隐私数据区域操作转向在指定的垃圾页（我们将其全部填充为字符“a”），得到如图 4-12 所示的无用数据。

该实验证明面向安全敏感软件的可信环境构建方法能够有效防止攻击者对受保护内存区域的信息窃取。同时，DMIM 内存动态完整性校验能够有效防止针对目标内存区域的非法篡改。

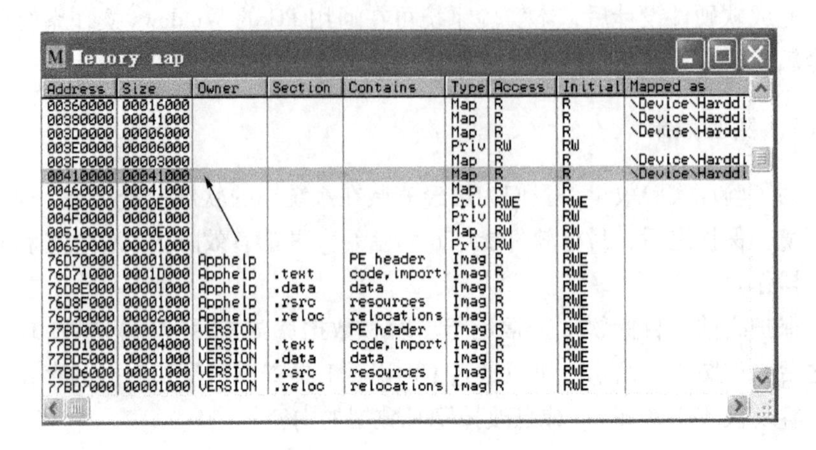
Memory map

Address	Size	Owner	Section	Contains	Type	Access	Initial	Mapped as
00360000	00016000				Map	R	R	\Device\Harddi
00380000	00041000				Map	R	R	\Device\Harddi
003D0000	00006000				Map	R	R	\Device\Harddi
003E0000	00006000				Priv	RW	RW	
003F0000	00003000				Map	R	R	\Device\Harddi
00410000	00041000				Map	R	R	\Device\Harddi
00460000	00041000				Map	R	R	
004B0000	0000E000				Priv	RWE	RWE	
004F0000	00001000				Priv	RW	RW	
00510000	0000E000				Map	RW	RW	
00650000	00001000				Priv	RW	RW	
76D70000	00001000	Apphelp		PE header	Imag	R	RWE	
76D71000	0001D000	Apphelp	.text	code,import	Imag	R	RWE	
76D8E000	00001000	Apphelp	.data	data	Imag	R	RWE	
76D8F000	00001000	Apphelp	.rsrc	resources	Imag	R	RWE	
76D90000	00002000	Apphelp	.reloc	relocations	Imag	R	RWE	
77BD0000	00001000	VERSION		PE header	Imag	R	RWE	
77BD1000	00004000	VERSION	.text	code,import	Imag	R	RWE	
77BD5000	00001000	VERSION	.data	data	Imag	R	RWE	
77BD6000	00001000	VERSION	.rsrc	resources	Imag	R	RWE	
77BD7000	00001000	VERSION	.reloc	relocations	Imag	R	RWE	

图 4–10　加入保护机制之后 OllyDbg 下对隐私数据的访问

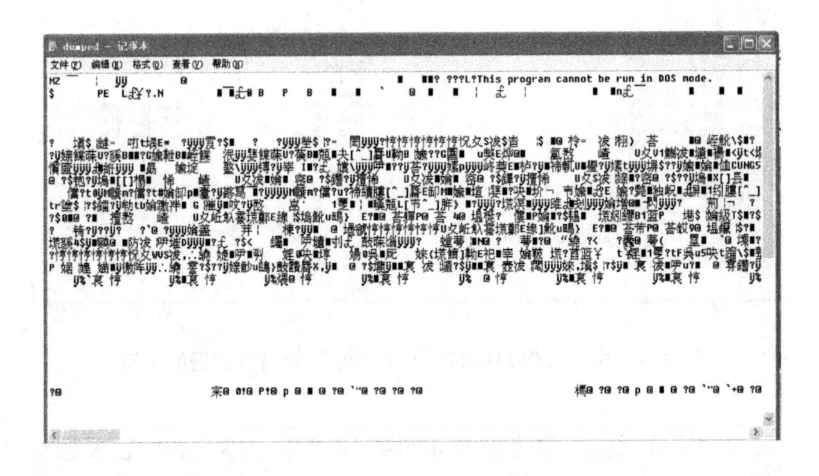

图 4–11　未加入保护机制时 dump 内存隐私数据

为检测对目标软件所在文件的保护，我们依次对文件进行复制、重命名、删除等操作，实际效果如图 4–13 所示。

对文件的复制、重命名和删除操作分别代表了攻击者对目标程序所在软件的 3 种攻击方式：非法窃取、非法修改和非法破坏。因此，对以上 3 种操作的成功防范表明，面向安全敏感软件的可信环境构建方法能够有效保护目标软件的文件安全。

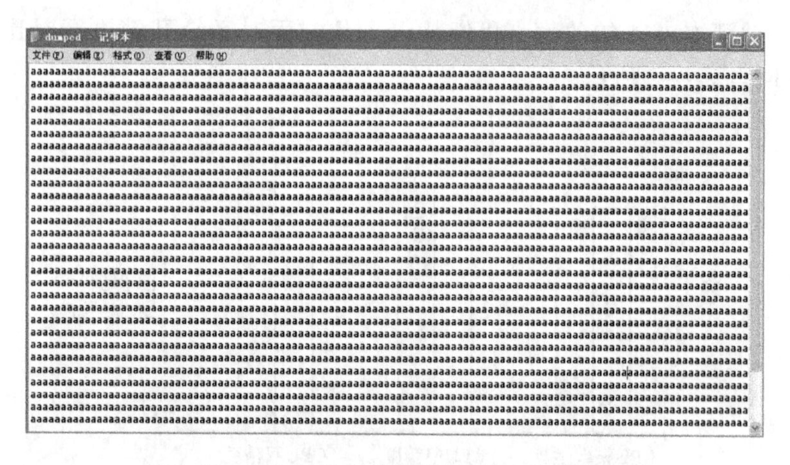

图 4-12 加入保护机制之后 **dump** 内存隐私数据

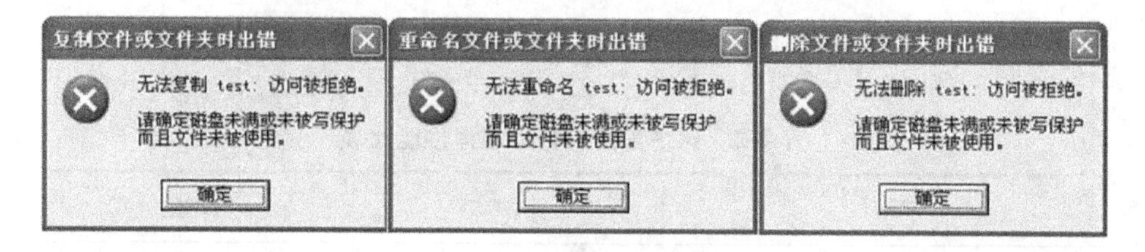

图 4-13 文件保护效果

4.5.3 系统开销

本小节从系统开销的角度分析面向安全敏感软件的可信环境构建方法对其所在平台的影响。

测试平台基本软硬件配置见表 4-1，使用的资源测试软件为“超级兔子”。

表 4-1 测试平台基本软硬件

名称	配置
主板	ADLINK NuPro-852（Intel Q965）
CPU	Intel Pentium E2140 @ 1.60 GHz
内存	Kingston PC2-5300 DDR2 666 MHz（1 GB）
硬盘	ST3320613AS（320 GB）
操作系统	Microsoft Windows XP Professional Version：2002 Service Pack 3

为验证本方法的效率，我们从以下几方面对系统开销进行对比，如图 4–14 与表 4–2 所示。

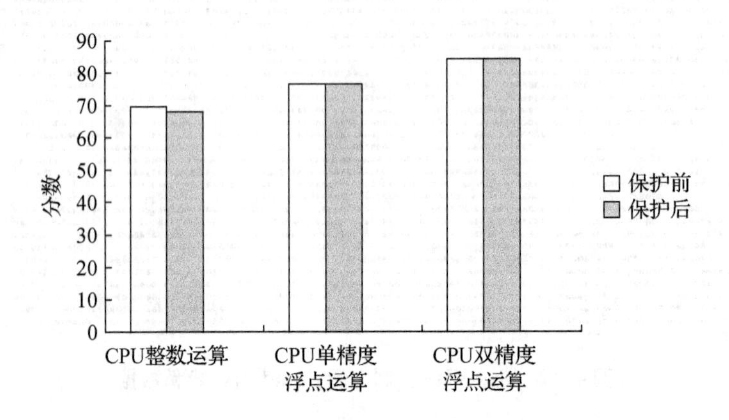

图 4–14　保护前后 CPU 性能对比

表 4–2　保护前后内存和硬盘性能比较

项目	保护前	保护后
内存复制	3. 692 GB/s	3. 647 GB/s
硬盘数据读取平均速度	99. 5 MB/s	98. 3 MB/s
硬盘数据写入平均速度	80. 1 MB/s	78. 9 MB/s

从以上对比可以看出，我们提出的面向安全敏感软件的可信环境构建方法对 CPU、内存和磁盘的带宽资源占用较少，因此在测试软件进行测试时并未显示明显的性能损失：CPU、内存与磁盘的性能损失均小于 5%，基本不影响平台的性能。

这种较低的系统开销主要得益于我们的方法针对特定的目标程序，而对其他程序涉及的系统资源并不进行限制，也就减少了保护方法对系统资源的制约。因此在平台运行过程中，不会因为对目标程序构建可信环境而影响平台中其他程序对系统资源的正常使用，即不会影响平台内其他软件的工作。

需要指出的是，虽然面向安全敏感软件的可信环境构建方法对系统的开销较少，但由于对目标软件进行了监控及内存动态完整性校验，因此，目标软件存在一定的效率损失，该损失主要在文件访问请求的监控与处理，以及

DMIM 架构的内存动态完整性度量两方面。如何进一步提高保护系统的效率，减少目标软件的性能损失是我们下一步工作的重要组成部分。

4.5.4 安全性分析

本小节对我们提出的方法进行安全性分析。目前，已经有一些形式化的安全性分析方法，如 Elkaduwe 等人通过形式化的方法分析了 seL4 微内核的安全性[169]。但是这些分析方法只能够为较为简单的安全属性进行形式化证明（如指针安全），对更复杂的安全属性（如应用层的安全性、安全存储等）仍旧无法准确证明。要将形式化证明方法使用在本章提出的方法上，需要结合形式化证明的假设和要求对系统进行重新设计和实现，才能够允许自动定理证明器给出证明。从 seL4 项目可以看出，这将是一个长期的工作，需要定理证明领域的专家花费许多“人年”来完成。因此，本小节以实际系统和实验作为依据，通过非形式化的安全分析，论证面向安全敏感软件的可信环境构建方法的安全性。

从本章的实验效果和系统开销部分可以看出，我们提出的方法能够有效保护安全敏感软件的加载、运行和存储。下面，我们以本章 4.3 节提到的典型攻击为防范目标，论证我们提出的方法对这些攻击的防范能力，以此证明面向安全敏感软件的可信计算环境的高安全性。

（1）TPM 重置攻击

这种攻击的思想是利用 TPM 与所在平台 CPU 的不同步，通过异常重置 TPM 的方式擦除部分存储于 TPM 中的恶意软件身份特征信息，进而将其替换为正常软件的身份特征信息以实现欺骗。这种攻击能够成功的重要原因是传统 TPM 只是作为系统的安全协处理器存在，在平台运行的过程中与系统交互少，短时间的异常重置难以被察觉。

在我们的系统中，ETPM 通过内存完整性校验机制实时、动态地与整个系统耦合起来，任何时刻的 ETPM 异常重启都将导致系统报错，有效防止了攻击者对 ETPM 的非法重置。由此可见，完整性校验机制始终贯穿整个安全敏感软件的工作过程，面向安全敏感软件的可信环境能够防止 TPM 重置攻击。

（2）XBOX 攻击

这种攻击依赖于 XBOX 的两个安全弱点：一个是用来解密启动扇区的加密密钥在处理器外部以明文形式存储，使得攻击者在截获启动扇区密文后，能够通过分析与查找的方式找到解密密钥；另一个是启动扇区的完整性不是由处理器进行校验，处于安全边界之外。

在我们的系统中，关键密钥始终处于 ETPM 内，外部生成的密钥也以密文形式存在，只有当使用时才解密到受保护的内存中，防止了攻击者对明文密钥的查找与获取。除此之外，可信加载过程确保平台的初始启动模块（BIOS Boot Block、VIVI 等）由 ETPM 进行完整性校验，由于 ETPM 处于安全边界之内，因此攻击者不易进行攻击。由此可见，本方法以上两个特点能够防止系统受到 XBOX 攻击。

（3）冷启动攻击

这种攻击的目的在于窃取存储于内存等易失性存储器中的明文机密信息，其攻击手段主要是通过对内存芯片的冷却，使其在系统重启之后仍然保留之前的信息，进而在重启之后通过恶意程序进行读取，达到信息窃取的目的。这种攻击主要原因在于系统重启之后攻击者能够访问到目标内存空间，并且存储芯片内的数据以明文形式存在

在我们的系统中，内存隐藏机制在系统加载时就已经伴随启动，因此不管攻击者怎样重启系统，都无法访问到受保护的内存区域，从而有效防止了攻击者对受保护内存信息的窃取。但是也需指出，由于内存加密需要对处理器结构进行修改，加上考虑到内存频繁加解密对系统效率的巨大影响，我们的系统并未对内存信息进行加密处理，因此，对取走芯片移植到其他设备进行读取的方式尚不能防范，这是我们需要进一步研究的问题。

（4）密文指令搜索攻击

这种攻击的主要目的是创建一个能够被处理器正确执行的密文恶意程序。该攻击能够成功的原因在于：系统具备指令加密机制，却没有完整性校验机制与之配合。因此，攻击者能够通过监控与分析，找到指令密文与实际功能之间的对应关系，再通过对密文指令的重新组合，创造出自己的程序交与处理器执行。

在我们的系统中，内存隐藏和内存完整性校验机制伴随着安全敏感软件的整个运行过程，攻击者无法访问其对应的内存区域，并且所有指令在处理器运行之前都需要经过完整性校验，以确定准备运行的指令是否和程序之前写入内存中的指令一致，从而确保任何攻击者注入的指令都能够被检测出来，防止处理器执行恶意程序。

4.6 小 结

本章介绍了一种基于 ETPM 的面向安全敏感软件的可信环境构建方法，与以往研究相比，这种方法将安全边界从传统可信计算假设的整个物理平台缩小到 CPU 和 ETPM，更符合实际情况，并能有效防止部分针对平台的硬件攻击。

本研究从目标软件的加载、运行和存储等多个方面构建软件的可信环境。其中，安全敏感软件的可信加载方法对传统可信计算技术的可信启动进行了扩展，将信任链从操作系统延伸到目标程序，能够有效保护其完整性，并确保目标软件的可信加载；扩展的内存管理机制能够确保安全敏感软件运行时内存信息与外界的隔离，并能保证内存中机密数据的完整性，从而有效防止针对内存高敏感数据的窃取与篡改；文件监控机制阻止攻击者通过非法复制、重命名、删除等恶意操作威胁安全敏感软件的机密性与完整性，并为安全敏感软件的安全存储提供底层接口；安全存储环境构建方法利用 ETPM 中的硬件安全存储区，为目标软件提供灵活可扩展的安全存储环境。

实验与分析证明，本方法能够有效保护安全敏感软件的加载、运行和存储，并能够防御一些典型的软件攻击和硬件攻击。本方法实用、高效，并具备一定普适性。

本章目前主要针对软件运行过程中的几个主要方面展开研究，后续工作还需深入研究物理内存的加解密方法，并将系统中断、安全敏感软件的退出处理等方面纳入研究范围。

5 总结与展望

提高信息系统的可信性，尤其是提高终端计算平台的可信性是目前解决信息系统面临的信任危机，促进社会信息化发展的重要课题与必要保证。事实证明，被动式的防御已经不能满足信息系统的安全需求，而可信计算技术为信息系统安全的研究提供了新的思路和方法。可信计算从终端这一全新的角度审视安全问题，为信息系统安全提供了一条主动防御、源头控制的路线，为信息系统特别是终端平台可信的研究提供了强有力的支持。

本书从计算平台可信启动与运行的角度，对可信计算的一些关键技术展开研究，针对这些关键技术现有研究的不足之处，提出了相应的改进方法，并进行了实验验证。本书的研究对增强计算平台的安全性，确保平台静态启动与动态运行的可信性具有重要的理论意义和实践价值。

5.1 主要贡献

研究计算平台可信启动与运行的关键技术，首先需要对可信计算平台信任的根源——可信平台模块展开研究，从而为可信计算平台的启动与运行提供信任支撑。在此基础上，需要研究可信计算平台的信任链技术，进而把信任从信任根延伸到整个可信计算平台，确保计算平台的可信启动。然后，需要研究平台运行时的动态可信度量理论与技术，从而将信任从平台的静态启动过程延伸到动态运行过程。最后，结合以上研究提出一种能够实际使用的计算平台可信环境构建方法。本书的主要工作和创新点如下：

①针对目前 TPM 存在的问题，如缺乏主动控制能力、RTM 处于 TPM 之外容易遭受攻击、缺乏对称密码引擎、其设计主要面向 PC 平台而对移动计算平台并不完全适合等，通过深入研究 TPM 相关技术，设计了 ETPM。ETPM 与传统 TPM 相比，更适合移动计算平台，具备安全性高、主动控制能力强、密码配置丰富及能够有效提高所在可信计算平台可靠性的特点，体现出了“可信≈可靠+安全”的学术思想。更进一步，我们实现了 ETPM 原型

系统，并将其成功应用到可信 PDA 中。实际使用与分析表明，ETPM 的设计是实用、高效、可靠、安全的。

②针对现有计算平台信任扩展和可信启动过程中信任链的不足之处，如信任链路径较长可能产生损失，信任链的维护麻烦、灵活性低，CRTM 存储在 TPM 之外容易受到恶意攻击，信任链未考虑可信计算平台的可靠性等，从理论与技术两方面对其中的关键问题展开了研究。在对现有的信任度量理论进行研究与探讨的基础上，归纳出了可信性验证的一般方法。结合 ETPM 提出了具有数据恢复能力的星型信任模型。该模型信任链路径短，信任在传递过程中的损失小；可扩展性强，利于部件的增加、删除和更新；CRTM 处于 ETPM 内，安全性高。除此之外，还能够基于星型信任模型在 ETPM 的控制下完成具有系统自动恢复能力的计算平台可信启动。目前已经在可信 PDA 中实现了具有数据恢复能力的星型信任模型，并且在其支持下完成了可信 PDA 的可信启动。

③针对可信计算平台运行过程中特殊安全敏感软件的保护问题，通过威胁分析并对现有保护方法进行比较与探讨，结合本书研究的 ETPM、星型信任链等计算平台可信启动与运行的关键技术，提出一种面向安全敏感软件的可信环境构建方法。该方法从目标软件的加载、运行和存储等多个方面构建软件的可信环境，将安全边界从传统可信计算假设的整个物理平台缩小到 CPU 和 ETPM，安全性更高。实验与分析证明，该方法能够有效保护安全敏感软件的加载、运行和存储，并能够防御一些典型的软件攻击和硬件攻击。面向安全敏感软件的可信环境构建方法的提出，丰富了可信计算技术在计算平台中的应用。

5.2 研究展望

本书的研究虽然在计算平台可信启动与运行的一些理论和关键技术方面取得了一定的研究进展，但仍存在一些问题需要完善和改进。主要有如下工作尚待进一步研究：

①随着可信计算技术的不断发展，我国自己的可信计算相关标准已经在制定之中，TCG 也即将推出下一代 TPM 规范，但是目前尚未有 TPM 能够同时兼容我国与 TCG 的 TPM 标准。ETPM 的设计已经在主控能力、密码引擎等方面体现出我国 TPM 标准的一些特点，因此可以在现有基础之上进一步

研究，争取设计出首款同时兼容我国与 TCG 标准的 TPM。

②具有数据恢复能力的星型信任模型能够在 ETPM 的控制下完成具有系统自动恢复能力的计算平台可信启动，但信任链采取的可信度量方式仍然基于完整性度量。完整性只是可信性的一部分，因此需要进一步研究可信度量的理论与技术，使得信任链的扩展更能够体现出“信任”的延伸，而不仅仅是数据完整性。

③面向安全敏感软件的可信环境构建方法，目前主要是针对软件运行过程中的几个重要方面，后续工作中还需深入研究物理内存的加解密方法，并将系统中断、安全敏感软件的退出处理等方面纳入研究范围。

随着可信计算相关理论与技术的日益发展，对可信计算平台启动与运行中一些关键问题的研究也逐渐增多，但是许多理论与方法还处于摸索阶段，如何有效地保护可信计算平台的可信启动，确保可信计算平台在运行过程中的可信，还有很多问题需要解决，任重而道远。

参 考 文 献

[1] 沈昌祥，张焕国，王怀民．可信计算的研究与发展［J］. 中国科学E辑：信息科学，2010，40（2）：139－166.

[2] 杨仕平．分布式任务关键实时系统的防危（Safety）技术研究［D］. 成都：电子科技大学，2004.

[3] CNCERT/CC. 2011 年网络安全工作报告［EB/OL］.［2012－01－15］. http：//www. cert. org. cn/UserFiles/File/201203192011annualreport（1）. pdf.

[4] RSA-Online-Fraud-Resource-Center. RSA monthly online fraud reports［EB/OL］.［2012－01－15］. http：//www. rsa. com/node. aspx？ id＝1331.

[5] NAZARIO J. DDoS floods in belarus：political motivations［EB/OL］.［2012－01－15］. http：//asert. arbornetworks. com/2009/06/ddos-floods-in-belarus-political-motivations.

[6] 沈昌祥，张焕国，冯登国，等．信息安全综述［J］. 中国科学E辑：信息科学，2007，37（2）：129－150.

[7] 张焕国，罗捷，金刚，等．可信计算机技术与应用综述［J］. 计算机安全，2006（6）：8－12.

[8] 卿斯汉．可信与可证明安全性［EB/OL］.［2012－01－15］. http：//xidianwen. blog. hexun. com/14755165_d. html.

[9] MCKNIGHT D H，CHERVANY N L. The meanings of trust［J］. Measurement，1996，55455（612）：127－143.

[10] TCPA main specification v. 1. 1b［S］. Oregon：TCG，2002.

[11] Common-Criteria-Project-Sponsoring-Organisations. Common criteria for information technology security evaluation，version 2. 1［EB/OL］.［2012－01－15］. http：//csrc. ncsl. nist. gov/cc/ccv20/ccv2list. htm.

[12] AVIZIENIS A，LAPRIE J C，RANDELL B，et al. Basic concepts and taxonomy of dependable and secure computing［J］. IEEE transactions on dependable and secure computing 2004，1（1）：11－33.

[13] SHEN C, ZHANG H G, FENG D, et al. Survey of information security [J]. Science in China series F: information sciences, 2007, 50 (3): 273 -298.

[14] SHEN C X, ZHANG H G, WANG H M, et al. Research on trusted computing and its development [J]. Science china information sciences, 2010, 53 (3): 405 -433.

[15] IBM. IBM4758 安全协处理器 [EB/OL]. [2012 - 01 - 16]. http: //www-03. ibm. com/security/cryptocards.

[16] SMITH S, PALMER E, WEINGART S. Using a high-performance, programmable secure coprocessor [C] //In: Proceedings of the 2nd International Conference on Financial Cryptography. Berlin: Springer, 1998 (1465): 73 -89.

[17] SMITH S, PEREZ R, WEINGART S, et al. Validating a high-performance, programmable secure coprocessor [C] //In: Proceedings of the 22nd National Information Systems Security Conference, 1999: 1 -11.

[18] SMITH S W. Trusted computing platforms: design and applications [M]. 冯登国，等译. 北京：清华大学出版社，2006.

[19] 周明天，谭良．可信计算及其进展 [J]. 电子科技大学学报，2006，35 (4): 686 -697.

[20] ANDERSON J P. Computer security technology planning study [R]. Bedford: DTIC, 1972.

[21] Department of defense trusted computer system evaluation criteria: Dod 5200. 28-STD [S]. USA: DOD, 1985.

[22] Trusted network interpretaion of the trusted computer system evalution criteria: NCSC-TG-005 [S]. USA: DOD, 1987.

[23] Trusted database management system interpretaion: NCSC-TG-021 [S]. USA: DOD, 1991.

[24] SIZER R. Information technology security evaluation criteria [R]. London: Department of Trade and Industry, 1991.

[25] TCG. Trusted computing group [EB/OL]. [2012 -01 -20]. https: //www. trustedcomputinggroup. org.

[26] 可信计算密码支撑平台功能与接口规范 [S]. 北京：国家密码管理局，2007.

[27] TCG. TCG work group charters summery [EB/OL]. [2012 - 01 - 20]. https: // www. trustedcomputinggroup. org/about/WG_Charters/Work_Group_Charters_Summary

_rev1. 3. pdf.
[28] TCG. TCG 规范列表 [EB/OL]. [2012 - 01 - 20]. http://www. trustedcomputinggroup. org/specs.
[29] IBM. IBM 完整性度量架构 [EB/OL]. [2012 - 01 - 16]. http://domino. research. ibm. com/comm/research_projects. nsf/pages/ssd_ima. index. html.
[30] IBM. IBM 可信虚拟域 [EB/OL]. [2012 - 01 - 16]. http://domino. research. ibm. com/comm/research_projects. nsf/pages/ssd_tvd. index. html.
[31] IBM. IBM 虚拟可信平台模块 [EB/OL]. [2012 - 01 - 16]. http://domino. research. ibm. com/comm/research_projects. nsf/pages/ssd_vtpm. index. html.
[32] IBM. IBM hypervisor 安全架构 [EB/OL]. [2012 - 01 - 16]. http://domino. research. ibm. com/comm/research_projects. nsf/pages/ssd_shype. index. html.
[33] IBM. IBM 嵌入式安全子系统 [EB/OL]. [2012 - 01 - 16]. http://www. pc. ibm. com/us/security/index. html.
[34] Microsoft. Palladium white paper [EB/OL]. [2012 - 01 - 16]. http://www. microsoft. com/PressPass/features/2002/jul02/0724palladiumwp. asp.
[35] Microsoft. Trusted platform module services in windows longhorn [EB/OL]. [2012 - 01 - 17]. http://www. microsoft. com/resources/ngscb.
[36] Intel. Trusted execution technology [EB/OL]. [2012 - 01 - 17]. http://www. intel. com/technology/security.
[37] Intel. LaGrande technology architectural overview [EB/OL]. [2012 - 01 - 17]. http://www. intel. com/technology/security.
[38] OpenTC. OpenTC web site [EB/OL]. [2012 - 01 - 18]. http://www. opentc. org.
[39] 德国鲁尔大学. 德国鲁尔大学可信计算相关项目 [EB/OL]. [2012 - 01 - 18]. https://prosec. trust. rub. de/projects. html.
[40] 刘克，单志广，王戟，等. “可信软件基础研究”重大研究计划综述 [J]. 中国科学基金，2008，22 (3)：145 - 151.
[41] TCG specification architecture overview revision 1. 4 [S]. Oregon：TCG，2007.
[42] 赵波，张焕国，李晶，等. 可信 PDA 计算平台系统结构与安全机制 [J]. 计算机学报，2010，33 (1)：82 - 92.
[43] 赵波. 嵌入式可信计算平台关键技术研究 [D]. 武汉：武汉大学，2006.
[44] 张焕国，毋国庆，覃中平，等. 一种新型安全计算机 [J]. 武汉大学学报（理学

版），2004，50（A01）：1－6.

[45] 余发江．可信计算 PC 平台关键技术与模糊信任理论［D］. 武汉：武汉大学，2007.

[46] 罗捷．可信计算平台测评技术研究［D］. 武汉：武汉大学，2008.

[47] 徐明迪．可信计算平台信任链安全性分析［D］. 武汉：武汉大学，2008.

[48] TCG main specification v. 1. 2［S］. Oregon：TCG，2009.

[49] BETH T，BORCHERDING M，KLEIN B. Valuation of trust in open networks［C］//Computer Security-ESORICS 94，1994：1－18.

[50] PATEL J，TEACY W，JENNINGS N，et al. A probabilistic trust model for handling inaccurate reputation sources［J］. Trust management，2005（5）：413－419.

[51] 唐文，陈钟．基于模糊集合理论的主观信任管理模型研究［J］. 软件学报，2003，14（8）：1401－1408.

[52] 袁禄来，曾国荪，王伟．基于 Dempster-Shafer 证据理论的信任评估模型［J］. 武汉大学学报（理学版），2006，52（5）：627－630.

[53] 曲延文．软件行为学［M］. 北京：电子工业出版社，2004.

[54] BALACHEFF B，CHEN L，PLAQUIN D，et al. A trusted process to digitally sign a document［C］//In：Proceedings of the 2001 Workshop on New Security Paradigms. New York：ACM，2001：79－86.

[55] SPALKA A，CREMERS A B，LANGWEG H. Protecting the creation of digital signatures with trusted computing platform technology against attacks by trojan horse programs［C］//In：Proceedings of the 16th International Conference on Information Security：Trusted Information，Paris，2001：403－420.

[56] PEARSON S. How trusted computers can enhance privacy preserving mobile applications［C］//In：Proceedings of the 1st International IEEE Workshop on Trust，Security and Privacy for Ubiquitous Computing. New York：IEEE，2005：609－613.

[57] PEARSON S，BALACHEFF B. Trusted computing platforms：TCPA technology in context［M］. New Jersey：Prentice Hall PTR，2003.

[58] COOPER A，MARTIN A. Towards an open，trusted digital rights management platform［C］//In：Proceedings of the ACM Workshop on Digital Rights Management. New York：ACM，2006：79－88.

[59] SADEGHI A R，WOLF M，STÜBLE C，et al. Enabling fairer digital rights management

with trusted computing [J]. Information security, 2007 (10): 53 - 70.

[60] GRIFFIN J L, JAEGER T, PEREZ R, et al. Trusted virtual domains: toward secure distributed services [R]. Yokohama: IBM Thomas J. Watson Research Center, 2005.

[61] ALKASSAR A, SCHEIBEL M, SADEGHI A R, et al. Security architecture for device encryption and VPN [C] //In: Proceedings of the Information Security Solutions Europe 2006. Europe: Securing Electronic Busines, 2006: 54 - 63.

[62] TECHNET M. Bitlocker drive encryption technical overview [EB/OL]. [2012 - 01 - 20]. http://technet. microsoft. com/en-us/library/cc732774. aspx.

[63] MITCHELL C J. Mobile security and trusted computing [J]. Information technology, 2006 (48): 321 - 326.

[64] BALFE S, PATERSON K G. Augmenting internet-based card not present transactions with trusted computing: an analysis [R]. London: University of London, Department of Mathematics, 2006.

[65] STUMPF F, ECKERT C, BALFE S. Towards secure e-commerce based on virtualization and attestation techniques [C] //In: Proceedings of the 3rd International Conference on Availability, Reliability and Security. New York: IEEE, 2008: 376 - 382.

[66] GASMI Y, SADEGHI A R, STEWIN P, et al. Flexible and secure enterprise rights management based on trusted virtual domains [C] //In: Proceedings of the 3rd ACM Workshop on Scalable Trusted Computing. Alexandria: ACM, 2008: 71 - 80.

[67] BRATUS S, D'CUNHA N, SPARKS E, et al. TOCTOU, traps, and trusted computing [J]. Trusted computing-challenges and applications, 2008, 4968 (3): 14 - 32.

[68] 张焕国，李晶，潘丹铃，等. 嵌入式系统可信平台模块研究 [J]. 计算机研究与发展，2011，48 (7): 1269 - 1278.

[69] LI J, ZHANG H, ZHAO B, et al. Research on hardware security of embedded system in cloud environment [J]. Advanced materials research, 2012 (488 - 489): 1480 - 1487.

[70] HARDJONO T, KAZMIERCZAK G. Overview of the TPM key management standard [R]. USA: TCG Presentations, 2008.

[71] TCG mobile trusted module specification version 1.0 [S]. Oregon: TCG, 2007.

[72] TCG mobile reference architecture version 1.0 [S]. Oregon: TCG, 2007.

[73] 陈书义，闻英友，赵宏. 基于可信计算的移动平台设计方案 [J]. 东北大学学报

（自然科学版），2008，29（8）：1096－1099.

[74] 郑宇，何大可，何明星．基于可信计算的移动终端用户认证方案［J］．计算机学报，2006，29（8）：1255－1264.

[75] 王禹，王震宇，姚立宁．嵌入式平台 TPM 扩展及可信引导设计与实现［J］．计算机工程与设计，2009（9）：2089－2091.

[76] 孙勇，陈伟，杨义先．嵌入式系统的可信计算［J］．信息安全与通信保密，2006（9）：50－52.

[77] 赵波，严飞，余发江，等．可信计算［M］．北京：机械工业出版社，2009.

[78] TPM main part 2 TPM structures，specification version 1.2［S］. Oregon：TCG，2005.

[79] CAMENISCH J. Better privacy for trusted computing platforms［C］//In：Proceedings of the Computer Security-ESORICS 2004. Berlin：Springer，2004：73－88.

[80] LI F，WANG W，MA J，DING Z. Enhanced architecture of TPM［C］//In：Proceedings of the ICYCS'08. Washington：IEEE，2008：1532－1537.

[81] YAN Z，COFTA P. A mechanism for trust sustainability among trusted computing platforms［C］//Trust and Privacy in Digital Business，2004：11－19.

[82] EISENBARTH T，GÜNEYSU T，PAAR C，et al. Reconfigurable trusted computing in hardware［C］//Proceedings of the STC'07. New York：ACM，2007：15－20.

[83] 陈幼雷．可信计算模型及体系结构研究［D］．武汉：武汉大学，2006.

[84] LI J，ZHANG H，ZHAO B. Research of reliable trusted boot in embedded systems［C］//In：Proceedings of the 2011 International Conference on Computer Science and Network Technology（ICCSNT）. New York：IEEE，2011（3）：2033－2037.

[85] ARTZ D，GIL Y. A survey of trust in computer science and the semantic web［J］. Web semantics：science，services and agents on the World Wide Web，2007，5（2）：58－71.

[86] Sun-Microsystems-Inc. X. 509 certificates and certificate revocation lists（CRLs）［EB/OL］.［2012－02－15］. http：//java. sun. com/products/jdk/1. 2/docs/guide/security/cert3. html.

[87] ADAMS C，FARELL S. IETF RFC 2510 Internet X. 509 public key infrastructure certificate management protocols［EB/OL］.［2012－02－15］. http：//www. hjp. at/doc/rfc/rfc2510. html.

[88] Network-Associates-Inc. An introduction to cryptography［EB/OL］.［2012－02－15］.

http：//www. fi. pgpi. org/doc/pgpintro.

[89] BLAZE M，FEIGENBAUM J，STRAUSS M. Compliance checking in the policymaker trust management system [C]//Financial Cryptography，1998：254 - 274.

[90] FEIGENBAUM J. Overview of the AT&T Labs trust-management project [C] //In：Proceedings of the 1998 Cambridge University Workshop on Trust and Delegation. Berlin：Springer，1999：627.

[91] BLAZE M，FEIGENBAUM J，IOANNIDIS J，et al. The role of trust management in distributed systems security [C]//Secure Internet Programming，1999：185 - 210.

[92] BLAZE M. Trust management and network layer security protocols [C]//Lecture Notes in Computer Science，2000：109 - 118.

[93] IETF-Network-Working-Group. IETF RFC 2704 the keynote trust-management system version 2 [EB/OL]. [2012 - 02 - 15]. http：//www. hjp. at/doc/rfc/rfc2704. html.

[94] BLAZE M，FEIGENBAUM J，KEROMYTIS A. KeyNote：trust management for public-key infrastructures [C]//Lecture Notes in Computer Science，1999：625 - 625.

[95] BLAZE M. Using the KeyNote trust management system [R]. USA：AT&T Research Labs，1999.

[96] 李勇军，代亚非．对等网络信任机制研究 [J]. 计算机学报，2010，33（3）：390 - 405.

[97] JØSANG A，ISMAIL R. The beta reputation system [C] //In：Proceedings of the 15th Bled Electronic Commerce Conference，Slovenia，2002：41 - 55.

[98] 单明辉，贡佳炜，牛尔力，等. RulerRep：一种基于偏离度的过滤不实评价新方法 [J]. 计算机学报，2010，33（7）：1226 - 1235.

[99] JØSANG A. Trust-based decision making for electronic transactions [C] //In：Proceedings of the 4th Nordic Workshop on Secure Computer Systems（NORDSEC'99），Stockholm，1999：496 - 502.

[100] JØSANG A. A logic for uncertain probabilities [J]. International journal of uncertainty，fuzziness and knowledge-based systems，2001，9（3）：279 - 311.

[101] JØSANG A，HIRD S，FACCER E. Simulating the effect of reputation systems on e-markets [C]//Trust Management，2003：1072 - 1072.

[102] JØSANG A，POPE S. Semantic constraints for trust transitivity [C] //In：Proceedings of the 2nd Asia-Pacific Conference on Conceptual modelling. Australia：Australian Com-

puter Society, Inc., 2005: 59 - 68.

[103] JØSANG A, PRESTI S. Analysing the relationship between risk and trust [C]//Trust Management, 2004: 135 - 145.

[104] 任江春. 系统可信赖安全增强关键技术的研究与实现 [D]. 长沙: 国防科学技术大学, 2006.

[105] ITOI N, ARBAUGH W, POLLACK S, et al. Personal secure booting [C]//Lecture Notes in Computer Science, 2001: 130 - 144.

[106] ARBAUGH W A, FARBER D J, SMITH J M. A secure and reliable bootstrap architecture [C] //In: Proceedings of the IEEE Symposium on Security and Privacy. New York: IEEE, 1997: 65 - 71.

[107] IBM. Tpod [EB/OL]. [2012 - 02 - 15]. http: //domino. research. ibm. com/comm/research_people. nsf/pages/taiga. reports. html/ $ FILE/RT0564. pdf.

[108] SAILER R, ZHANG X, JAEGER T, et al. Design and implementation of a TCG-based integrity measurement architecture [C] //In: Proceedings of the 13th USENIX Security Symposium. Berkeley: USENIX Association, 2004: 16.

[109] SHI E, PERRIG A, VAN DOORN L. Bind: a fine-grained attestation service for secure distributed systems [C] //In: Proceedings of the 2005 IEEE Symposium on Security and Privacy. New York: IEEE, 2005: 154 - 168.

[110] JAEGER T, SAILER R, SHANKAR U. PRIMA: policy-reduced integrity measurement architecture [C] //In: Proceedings of the 9th ACM Symposium on Access Control Models and Technologies. New York: ACM, 2006: 19 - 28.

[111] GUN-GRUB. TCG patch to support trusted boot [EB/OL]. [2012 - 02 - 20]. http: //trousers. sourceforge. net/grub. html.

[112] SHAUNGHE P, ZHEN H. Enhancing PC security with a U-key [J]. IEEE security & privacy, 2006, 4 (5): 34 - 39.

[113] 张焕国, 赵波. 可信计算 [M]. 武汉: 武汉大学出版社, 2011.

[114] ARBAUGH W A, FARBER D J, SMITH J M. A reliable bootstrap architecture [C] //In: Proceedings of the IEEE Symposium on Security and Privacy, Oakland, 2007: 57 - 64.

[115] ARBAUGH W A, FARBER D J, SMITH J M. A secure and reliable bootstrap architecture [R]. Philadelphia: University of Pennsylvania, 1996.

[116] LI J, ZHANG H, ZHAO B, et al. A trusted environment construction method for security-sensitive software [J]. Wuhan University journal of natural sciences, 2011, 16 (5): 383 - 390.

[117] SUH G E, O'DONNELL C W, DEVADAS S. AEGIS: a single-chip secure processor [J]. Information security technical report, 2005, 10 (2): 63 - 73.

[118] CHAMPAGNE D, LEE R B. Scalable architectural support for trusted software [C] //In: Proceedings of the IEEE 16th International Symposium on High Performance Computer Architecture (HPCA 2010) . New York: IEEE, 2010: 1 - 12.

[119] KARGER P A, SCHELL R R. Thirty years later: lessons from the multics security evaluation [C] //In: Proceedings of the 18th Annual Computer Security Applications Conference. New York: IEEE, 2002: 119 - 126.

[120] AMES S R J R, GASSER M, SCHELL R R. Security kernel design and implementation: an introduction [J]. Computer, 1983, 16 (7): 14 - 22.

[121] PETER L N. Integrating flexible support for security policies into the Linux operating system [C] //In: Proceedings of the FREENIX Track: 2001 USENIX Annual Technical Conference. Berkeley: USENIX Association, 2001: 29 - 42.

[122] WRIGHT C, COWAN C, SMALLEY S, et al. Linux security modules: general security support for the Linux kernel [C] //In: Proceedings of the 11th USENIX Security Symposium. Berkeley: USENIX Association, 2002: 17 - 31.

[123] ZELDOVICH N, BOYD-WICKIZER S, KOHLER E, et al. Making information flow explicit in HiStar [C] //In: Proceedings of the 7th Symposium on Operating Systems Design and Implementation. Berkeley: USENIX Association, 2006: 263 - 278.

[124] MCCARTY B. Selinux: Nsa's open source security enhanced Linux [M]. USA: O'Reilly Media, Inc, 2004.

[125] MARCHESINI J, SMITH S W, WILD O, et al. Open-source applications of TCPA hardware [C] //In: Proceedings of the 20th Annual Computer Security Applications Conference. Washington: IEEE Computer Society, 2004: 294 - 303.

[126] CIHULA J. Trusted boot: verifying the Xen launch [EB/OL]. [2012 - 02 - 27]. http: //www. xen. org/xensummit/xensummit_fall_2007. html.

[127] Trusted Platform Module (TPM) main - part 1 design principles v1. 2 [S]. Oregon: TCG, 2006.

[128] DWOSKIN J S, LEE R B. Hardware-rooted trust for secure key management and transient trust [C] //In: Proceedings of the 14th ACM Conference on Computer and Communications Security. New York: ACM, 2007: 389 – 400.

[129] ENGLAND P, LAMPSON B, MANFERDELLI J, et al. A trusted open platform [J]. Computer, 2003, 36 (7): 55 – 62.

[130] GARFINKEL T, PFAFF B, CHOW J, et al. Terra: a virtual machine-based platform for trusted computing [C] //In: Proceedings of the 19th ACM Symposium on Operating Systems Principles. New York: ACM, 2003: 193 – 206.

[131] MCCUNE J M, PARNO B, PERRIG A, et al. How low can you go?: recommendations for hardware-supported minimal TCB code execution [C] //In: Proceedings of the 13th International Conference on Architectural Support for Programming Languages and Operating Systems. New York: ACM, 2008: 14 – 25.

[132] DYER J G, LINDEMANN M, PEREZ R, et al. Building the IBM4758 secure coprocessor [J]. Computer, 2001, 34 (10): 57 – 66.

[133] WHITE S R. ABYSS: a trusted architecture for software protection [C] //In: Proceedings of the IEEE Symposium on Security and Privacy. New York: IEEE, 1987: 38 – 51.

[134] WHITE S R, WEINGART S H, ARNOLD W C, et al. Introduction to the citadel architecture: security in physically exposed environments [R]. Watson: IBM Thomas J. Watson Research Center, 1991.

[135] PALMER E R. An introduction to citadel: a secure crypto coprocessor for workstations [R]. Watson: IBM Thomas J. Watson Research Center, 1992.

[136] BERGER S, CÁCERES R, GOLDMAN K A, et al. vTPM: virtualizing the Trusted Platform Module [C] //In: Proceedings of the 15th Conference on USENIX Security Symposium. Berkeley: USENIX Association, 2006: 1 – 16.

[137] ALVES T, FELTON D. Trustzone: integrated hardware and software security [Z]. ARM White Paper, 2004: 51 – 57.

[138] LIE D, THEKKATH C, MITCHELL M, et al. Architectural support for copy and tamper resistant software [J]. ACM SIGPLAN notices, 2000, 35 (11): 168 – 177.

[139] LEE R B, KWAN P C S, MCGREGOR J P, et al. Architecture for protecting critical secrets in microprocessors [C] //In: Proceedings of the 32nd Annual International

Symposium on Computer Architecture. Washington: IEEE, 2005: 2 - 13.

[140] CHEN X, GARFINKEL T, LEWIS E C, et al. Overshadow: a virtualization-based approach to retrofitting protection in commodity operating systems [C] //In: Proceedings of the 13th International Conference on Architectural Support For Programming Languages and Operating Systems. New York: ACM, 2008: 2 - 13.

[141] DEWAN P, DURHAM D, KHOSRAVI H, et al. A hypervisor-based system for protecting software runtime memory and persistent storage [C] //In: Proceedings of the 2008 Spring Simulation Multiconference. San Diego: Society for Computer Simulation International, 2008: 828 - 835.

[142] SUGERMAN J, VENKITACHALAM G, LIM B H. Virtualizing I/O devices on VMware workstation's hosted virtual machine monitor [C] //In: Proceedings of the General Track: 2002 USENIX Annual Technical Conference. Berkeley: USENIX Association, 2001: 1 - 14.

[143] BARHAM P, DRAGOVIC B, FRASER K, et al. Xen and the art of virtualization [J]. ACM SIGOPS operating systems review, 2003, 37 (5): 164 - 177.

[144] ANDERSON M J, MOFFIE M, DALTON C I. Towards trustworthy virtualisation environments: Xen library os security service infrastructure [R]. California: Hewlett-Packard Development Company, 2007.

[145] KWAN P, DURFEE G. Practical uses of virtual machines for protection of sensitive user data [C] //In: Proceedings of the Information Security Practice and Experience Conference. Berlin: Springer, 2007: 145 - 161.

[146] MENON A, SANTOS J R, TURNER Y, et al. Diagnosing performance overheads in the Xen virtual machine environment [C] //In: Proceedings of the the 1st ACM/USENIX International Conference on Virtual Execution Environments. New York: ACM, 2005: 13 - 23.

[147] KAUER B. OSLO: improving the security of trusted computing [C] //In: Proceedings of the 16th USENIX Security Symposium. Berkeley: USENIX Association, 2007: 1 - 9.

[148] HALDERMAN J A, SCHOEN S D, HENINGER N, et al. Lest we remember: cold-boot attacks on encryption keys [J]. Communications of the ACM, 2009, 52 (5): 91 - 98.

[149] OZMENT A, SCHECHTER S E. Milk or wine: does software security improve with age

[C] //In: Proceedings of the 15th Conference on USENIX Security Symposium. Berkeley: USENIX Association, 2006: 1 – 10.

[150] LEVY E. Approaching zero [J]. IEEE security & privacy, 2004, 2 (4): 65 – 66.

[151] HOGLUND G, BUTLER J. RootKits: subverting the windows kernel [M]. Massachusetts: Person Education Inc. , 2005.

[152] KUHN M G. Cipher instruction search attack on the bus-encryption security microcontroller DS5002FP [J]. IEEE transactions on computers, 1998, 47 (10): 1153 – 1157.

[153] HUANG A B. Hacking the Xbox: an introduction to reverse engineering [M]. San Francisco: No Starch Press, 2003.

[154] CHARI S, JUTLA C, RAO J, et al. Towards sound approaches to counteract power-analysis attacks [C] //In: Proceedings of the 19th Annual International Cryptology Conference on Advances in Cryptology. Berlin: Springer, 1999: 398 – 412.

[155] TIRI K, VERBAUWHEDE I. Design method for constant power consumption of differential logic circuits [C] //In: Proceedings of the Conference on Design, Automation and Test in Europe. Washington: IEEE, 2005: 628 – 633.

[156] GEBOTYS C H. A split-mask countermeasure for low-energy secure embedded systems [J]. ACM transactions on embedded computing systems, 2006, 5 (3): 577 – 612.

[157] ZHUANG X, ZHANG T, PANDE S. HIDE: an infrastructure for efficiently protecting information leakage on the address bus [J]. ACM SIGARCH computer architecture news, 2004, 32 (5): 72 – 84.

[158] DUC G, KERYELL R. CryptoPage: an efficient secure architecture with memory encryption, integrity and information leakage protection [C] //In: Proceedings of the 22nd Annual Computer Security Applications Conference. Washington: IEEE Computer Society, 2006: 483 – 492.

[159] OSVIK D, SHAMIR A, TROMER E. Cache attacks and countermeasures: the case of AES [C]//Topics in Cryptology-CT-RSA 2006, 2006: 1 – 20.

[160] WANG Z, LEE R B. New cache designs for thwarting software cache-based side channel attacks [C] //In: Proceedings of the 34th Annual International Symposium on Computer Architecture. New York: ACM, 2007: 494 – 505.

[161] WANG Z, LEE R B. A novel cache architecture with enhanced performance and security

[C] //In: Proceedings of the 41st IEEE/ACM International Symposium on Microarchitecture. Washington: IEEE Computer Society, 2008: 83 – 93.

[162] GOSLING J, JOY B, STEELE G, et al. Java language specification [M]. Boston: Addison-Wesley Longman Publishing Co., Inc., 2000.

[163] LUTZ M. Programming python [M]. Sebastopol: O'Reilly Media, Inc., 2006.

[164] ALLEN J. Anatomy of LISP [M]. New York: McGraw-Hill, Inc., 1978.

[165] KOCHER P, LEE R, MCGRAW G, et al. Security as a new dimension in embedded system design [C] //In: Proceedings of the 41st Annual Design Automation Conference. New York: ACM, 2004: 753 – 760.

[166] VERBAUWHEDE I, SCHAUMONT P. Design methods for security and trust [C] //In: Proceedings of the Conference on Design, Automation and Test in Europe. New York: IEEE, 2007: 672 – 677.

[167] KAMMLLER F. Interactive theorem proving in software engineering [M]. Berlin: VDM Verlag, 2008.

[168] NIPKOW T. Isabelle/HOL-a proof assistant for higher-order logic [M]. Berlin: Springer Verlag, 2002.

[169] ELKADUWE D, KLEIN G, ELPHINSTONE K. Verified protection model of the seL4 microkernel [C]//Lecture Notes in Computer Science, 2008: 99 – 114.